U0598798

地理发现之旅

谢登华 编著　丛书主编 周丽霞

森林：一棵树的大梦想

汕头大学出版社

图书在版编目（CIP）数据

森林：一棵树的大梦想 / 谢登华编著. -- 汕头：
汕头大学出版社，2015.3（2020.1重印）
（学科学魅力大探索 / 周丽霞主编）
ISBN 978-7-5658-1732-8

Ⅰ. ①森… Ⅱ. ①谢… Ⅲ. ①森林－青少年读物
Ⅳ. ①S7-49

中国版本图书馆CIP数据核字(2015)第028232号

森林：一棵树的大梦想　　　　　SENLIN：YIKESHU DE DAMENGXIANG

编　　著：谢登华
丛书主编：周丽霞
责任编辑：邹　峰
封面设计：大华文苑
责任技编：黄东生
出版发行：汕头大学出版社
　　　　　广东省汕头市大学路243号汕头大学校园内　邮政编码：515063
电　　话：0754-82904613
印　　刷：三河市燕春印务有限公司
开　　本：700mm×1000mm　1/16
印　　张：7
字　　数：50千字
版　　次：2015年3月第1版
印　　次：2020年1月第2次印刷
定　　价：29.80元
ISBN 978-7-5658-1732-8

前言

　　科学是人类进步的第一推动力，而科学知识的学习则是实现这一推动的必由之路。在新的时代，社会的进步、科技的发展、人们生活水平的不断提高，为我们青少年的科学素质培养提供了新的契机。抓住这个契机，大力推广科学知识，传播科学精神，提高青少年的科学水平，是我们全社会的重要课题。

　　科学教育与学习，能够让广大青少年树立这样一个牢固的信念：科学总是在寻求、发现和了解世界的新现象，研究和掌握新规律，它是创造性的，它又是在不懈地追求真理，需要我们不断地努力探索。在未知的及已知的领域重新发现，才能创造崭新的天地，才能不断推进人类文明向前发展，才能从必然王国走向自由王国。

　　但是，我们生存世界的奥秘，几乎是无穷无尽，从太空到地球，从宇宙到海洋，真是无奇不有，怪事迭起，奥妙无穷，神秘莫测，许许多多的难解之谜简直不可思议，使我们对自己的生命现象和生存环境捉摸不透。破解这些谜团，有助于我们人类社会向更高层次不断迈进。

其实，宇宙世界的丰富多彩与无限魅力就在于那许许多多的难解之谜，使我们不得不密切关注和发出疑问。我们总是不断去认识它、探索它。虽然今天科学技术的发展日新月异，达到了很高程度，但对于那些奥秘还是难以圆满解答。尽管经过许许多多科学先驱不断奋斗，一个个奥秘不断解开，并推进了科学技术大发展，但随之又发现了许多新的奥秘，又不得不向新的问题发起挑战。

宇宙世界是无限的，科学探索也是无限的，我们只有不断拓展更加广阔的生存空间，破解更多奥秘现象，才能使之造福于我们人类，人类社会才能不断获得发展。

为了普及科学知识，激励广大青少年认识和探索宇宙世界的无穷奥妙，根据最新研究成果，特别编辑了这套《学科学魅力大探索》，主要包括真相研究、破译密码、科学成果、科技历史、地理发现等内容，具有很强系统性、科学性、可读性和新奇性。

本套作品知识全面、内容精炼、图文并茂，形象生动，能够培养我们的科学兴趣和爱好，达到普及科学知识的目的，具有很强的可读性、启发性和知识性，是我们广大青少年读者了解科技、增长知识、开阔视野、提高素质、激发探索和启迪智慧的良好科普读物。

目　录

维也纳森林

　　维也纳森林位于奥地利的维也纳市，是奥地利的首都所在地。维也纳森林是一片保持原始风貌的天然森林，主要由混合林和丘陵草地组成，面积共1250平方千米，一部分伸入维也纳市。维也纳森林旁倚美伦河谷，水清林碧，给这座古城增添了无比的妩媚。同时维也纳森林还对洁净空气起着重要作用，拥有"城市的肺"的美誉。

　　维也纳位于阿尔卑斯山的东北麓和维也纳盆地西北部之间，维也纳是从多瑙河的南部发展起来的，现在拓展到了多瑙河的两岸，是东西向多瑙河航线和南北向琥珀之路的交叉点。

维也纳的海拔从151米的多瑙河上的罗堡岛，到542米的维也纳森林中的最高峰。维也纳的东面是三月河平原，东南面是多瑙河草原国家公园。维也纳的西北面、西面和西南面被维也纳森林环绕，森林一直延伸到市区。

多瑙河流经维也纳市内，除了多瑙河，从维也纳森林中还有许多小河流入市区，其中包括维也纳河。西面的山岭连接着南面的冰河走廊，这个地区是维也纳的葡萄种植区。

和多瑙河一样，奥地利维也纳森林是大自然赐给维也纳的一份礼物。它用接天摩云的大树，千缠百绕的古藤，芬芳艳丽的花朵，还有林中小径上留下的马车车辙，以及鸟儿温柔的呢喃环绕着这座城市，也赋予了音乐家们永不衰竭的创作激情。

19世纪，奥地利的皇帝宣布维也纳周边的森林为新鲜空气的贮存地，规定这里很多地方不准建造商业性或住宅建筑。几个世纪以来，这里凝聚了人们的辛勤劳动和精心的呵护，森林得以保持原始风貌。长达数千米的无人居住的谷地和山脉，是夏天步行

和冬天滑雪旅游的最好去处。

　　森林中设有为游人服务的小客栈、小棚屋，村子里有简朴而舒适的农家旅舍，林间有许多保养得很好的小路，纵横交叉，形成网络。树上有彩色的标记，有时还有路标指示方向。沿密林小径攀登高坡，眼前只见一片绿色海洋，在微风吹拂下松涛起伏，鸟儿啼唱，青泉淙淙，空气芬芳，使人流连忘返。

　　维也纳森林里很少针叶树，多为阔叶林；榆、槐、桉、桐等数十种树木交相混杂，山毛榉笔直参天，也有红叶闪烁的灌木林，到处郁郁葱葱，生机勃勃。

　　维也纳森林的山毛榉是一个大型树种，高度可达49米，树干直径可达3米。其高度通常为25米到35米，直径为1.5米以上。10年的树苗可长到4米高，寿命通常为150年至200年，甚至达到300年。

　　山毛榉的树干很高，为浅灰色，树冠较窄，树枝较直；在良好光照条件下独立生长的树则树干较短，树冠较大，覆盖范围较宽，树枝非常长。

　　山毛榉的树叶是互生的、完整或者在边缘有很小的圆锯齿，一般为5厘米至10厘米长，3厘米至7厘米宽，每侧有六七个叶脉。如果有圆锯齿的话，每一个叶脉通向一个齿，在叶脉之间没有齿。芽又长又细，约15毫米至30毫米长，2至3毫米厚，如果芽包括花芽的话，厚度为4米至5米。

　　山毛榉的树叶通常并不在秋天脱落，而是继续留在树上直到春天，这个过程被称为枯而不落。这种情况尤其在树苗阶段发生，不过在成熟以后也发生在较低的树枝上。

　　山毛榉在树龄30至80岁之间开始开花。其花为小型的柔荑

花，在春天叶子发芽后不久出现。其种子被称为山毛榉果，是小型的三角形坚果，15毫米至20毫米长，底部7至10毫米宽，每一个壳斗有两枚种子，授粉5个月至6个月后的秋天成熟。如果夏天炎热、日光充足且干燥，花和种子数量尤其丰富，但很少连续两年如此。

山毛榉可适应的气候和温度范围较大，并只需要很少的土壤。尽管对土壤的种类没有要求，山毛榉的生长仍有几个重要的条件：潮湿的空气和排水良好的土壤。它喜欢温和的沃土，以及石灰质或者轻酸性土壤，因此山坡比粘土盆地更适合其生长。它可以在冬季的严寒下生存，但是容易在春季霜冻。

山毛榉森林非常黑暗，由于阳光很难到达地面，只有很少的物种可以存活。山毛榉树苗喜欢树阴，在阳光充足的情况下可能生长不良。

在一些砍伐过的森林里，山毛榉萌芽后会死于过度干燥。它们在有稀疏树叶的橡树下生长，之后迅速在高度上超过橡树，最后由于山毛榉稠密的树叶，橡树死于缺乏阳光。林农为了保证橡树的生长常常将山毛榉的树苗移种他处。

山毛榉根系浅，大根向四面八方蔓延。它形成菌根，包括很多种类的真菌，包括牛肝菌属、喇叭菌属、乳菇属等。这些菌属对于从土壤吸收水分和营养非常重要。

山毛榉的木材可以用于制作多种物体。可供乐器、仪器箱盒、高级家具、贴面单板、胶合板、地板、墙板、走廊扶手、运动器械、船舶、车辆、文具、工农具柄、农具、木桶、玩具、日杂器皿、木柱、枕木、坑木、电杆、造纸、烧炭用材，也是良好的薪材原料。细密的纹理使它易于加工、染色、油漆和粘合，通过蒸汽处理可使木材更容易加工。

它成型良好，抗压能力强，不易分裂，有时候铣削较难，原因是它弯曲时较硬。它特别适合制作小型木器，尤其是家具，只要不拿到室外，从椅子、地板和楼梯，山毛榉几乎可以做任何重型结构支撑。

如果没有焦油蒸馏保护，山毛榉容易腐烂。尽管使用不多，它比其他许多阔叶树更适合做纸浆。另外，它还被认为是最好的壁炉燃料之一。

当然，在维也纳最令维也纳人自豪的不是可以用森林木材做成精致绝伦的艺术品，也不是木材有多少种用途，而是那一片森林孕育了许多世界知

名的音乐大师。

维也纳森林中有贝多芬和舒伯特的故居。位于森林东端山麓下的格林琴村是维也纳森林中最浪漫的村庄，村里到处是古朴的霍里格酒馆。这里也有一栋贝多芬曾经住过的两层小楼，从这里向北走完一条200米长的胡同，是一个峰岭秀丽的山谷，贝多芬常到这条小道散步并获得灵感，创作了举世闻名的第六号交响曲《田园》。今天人们在欣赏这首交响曲时，脑海里所浮现出的东西依然能在这里找到。这条小道已被正式命名为"贝多芬小道"。

贝多芬晚年住在一个叫海利根施塔特小村子的一座四合院里。当时已患了神经性耳聋症的贝多芬在这里写下著名的《海利根施塔特遗书》，表达了他对人世和命运的不平和抗争。

舒伯特的故居在森林中的欣特布吕尔小村，路旁有一所破旧的磨坊，据说舒伯特创作《美丽的磨坊姑娘》的灵感就来源于磨坊主的女儿每天提着水桶打水的情景。现在林区不少村子仍保持着当年的原状：村边的磨坊，村口的水井，雕花和彩绘的木头房子，小酒馆门前挂着小灯，一派田园风光。

1868年，小约翰·施特劳斯继圆舞曲《蓝色的多瑙河》之后的又一部杰作《维也纳森林的故事》就是维也纳森林的赞歌。

约翰·施特劳斯是地道的维也纳人。他的外祖父在维也纳森林中的扎尔曼村有一所爬满青藤的乡间小舍，小施特劳斯就是在这里度过了他的青少年时光。自1829年起，他常在维也纳森林中度夏。森林中百鸟的啼鸣、流泉的呜咽、微风的低吟、空气的芬芳、马车的"得得"声都激发了他创作的灵感，《维也纳森林的故事》就是这样诞生的。为了使乐曲具有浓厚的乡土气息，作者在管弦乐队里破例地加上了奥地利的民间乐器齐特尔琴，这是一种拨奏弦乐器。

这首乐曲由序奏、五个圆舞曲和尾声构成，其结构属于典型的维也纳圆舞曲式。乐曲的开始是一段很长的序奏，两支圆号的旋律描绘了优美动人的风景，双簧管和单簧管吹出抒情流畅的曲调，像是牧人的牧歌和角笛。钟声响起，使音乐增加很多光彩。

然后，大提琴缓缓奏出第一圆舞曲的主题动机，作为全曲的引子。大提琴浑厚的音调、圆号美丽的牧歌和长笛玲珑的装饰音节，构成了一幅极美妙的且色彩斑斓的音画，十分优雅动人。

齐特尔琴的加入更增添了浓厚的奥地利民族色彩，这种特色型乐器拨奏出这首圆舞曲中最主要的一段旋律，轻柔而华美，仿佛晨曦

透过浓雾照进维也纳森林，还伴随着鸟儿们婉转的鸣叫。

第一圆舞曲为F大调，描绘出了森林清晨的美景，及人们轻歌曼舞的场面。

第二圆舞曲为降B大调，由大提琴呈示出来。这段主旋律与前面序奏中基塔琴所演奏的主题几乎完全相同，但节奏要快得多，舞蹈性极强。

第三圆舞曲为降E大调，三部曲式。描绘的仍然是森林美景。

第四圆舞曲在降B大调上，二部曲式。前半部分轻快、流畅，旋律充满跳跃性；后半部分活泼、优雅，伴奏部分引人入胜。

第五圆舞曲为降E大调，这一部分不仅活泼，而且节奏性非常强，使得整个乐曲达了最高潮。乐曲的结尾部分很长，在这里依次出现了第四圆舞曲、第一圆舞曲和第二圆舞曲的主题；之后，序奏时的"齐特尔琴"动人的旋律重新出现；终止部分采用了乐队的合奏。这一切好似一个总结，引人再一次回顾维也纳森林的各种美丽景色。

延 伸 阅 读

森林里有许多清流小溪、温泉古堡以及中世纪建筑的遗址和古老的寺院，但最吸引人的则是一些美丽而幽静的小村庄。几个世纪以来，许多音乐家、诗人、画家在此度过漫长的时光，产生不少名扬后世的不朽之作。

亚马逊热带雨林

亚马逊热带雨林位于南美洲的亚马逊盆地，占地700万平方公里。雨林横越了8个国家：巴西、哥伦比亚、秘鲁、委内瑞拉、厄瓜多尔、玻利维亚、圭亚那及苏里南，占据了世界雨林面积的一半，森林面积的20%，是全球最大及物种最多的热带雨林。

亚马逊热带雨林能吸收大量二氧化碳，是应对全球气候变化的最好防线。亚马逊热带雨林有480万平方千米的面积坐落在巴西境内。

亚马逊热带雨林位于南美北部亚马逊河及其支流流域，为大

热带雨林，北抵圭亚那高原，西界安地斯山脉，南为巴西中央高原，东临大西洋。

亚马逊河流域为世界最大流域，发源于安第斯山脉，虽然长度在世界上处于第二位，但其流量和流域面积是世界上最大的，居世界第一位。亚马逊河流域面积达到691万平方千米，相当于南美洲总面积的40%，从北纬5°伸展到南纬20°，经过秘鲁和巴西在赤道附近进入大西洋。

亚马逊河向大西洋排放的水量达到了每秒18万立方米，相当于全世界所有河流向海洋排放的淡水总量的五分之一，从亚马逊河口直到肉眼看不到海岸的地方，海洋中的水都不咸，150千米以外海水的含盐量都相当低，被人们称为淡水海。

亚马逊河主河道有1.5千米到12千米宽，从河口向内河有3700公里的航道，海船可以直接到达秘鲁的伊基托斯，小一点的船可以继续航行780千米到达阿库阿尔角，再小的船还可以继续上行。

流经秘鲁城市伊基托斯的亚马逊河的源头正式确定，是在秘鲁安第斯山区中一个海拔5597米叫奈瓦多·米斯米的山峰中的一条小溪。溪水先流入劳里喀恰湖，再进入阿普里马克河，阿普里马克河是乌卡亚利河的支流，再与马腊尼翁河汇合成亚马逊河主干流。

从马腊尼翁河的支流瓦利亚加河以下，河流就从安第斯山区进入冲积平原，从这里到秘鲁和巴西交界的雅瓦里河，大约有2400千米的距离，河岸低矮，两岸森林经常被水淹没，只是偶尔有几个小山包，亚马逊河已经进入了亚马逊热带雨林中了。

亚马逊热带雨林由东面的大西洋沿岸延伸到低地与安地斯山脉山麓丘陵相接处，形成一条林带，逐渐拓宽至1900千米。雨林异常宽广，而且连绵不断，反映出该地气候特点，即多雨、潮湿及普遍高温。

亚马逊热带雨林蕴藏着世界最丰富最多样的生物资源，昆虫、植物、鸟类及其他生物种类多达数百万种，其中许多科学上至今尚无记载。

　　在繁茂的植物中有各类树种，包括香桃木、月桂类、棕榈、金合欢、黄檀木、巴西果及橡胶树。桃花心木与亚马逊雪松可作优质木材。主要野生动物有美洲虎、海牛、貘、红鹿、水豚和许多啮齿动物，亦有多种猴类，有"世界动植物王国"之称，也因为面积占全球雨林的一半，所以被称为"地球之肺"。

　　这个雨林的生物多样化相当出色，聚集了250万种昆虫，上万种植物和大约2000种鸟类和哺乳动物，生活着全世界鸟类总数的五分之一。

　　有的专家估计，亚马逊热带雨林每平方千米内大约有超过7.5万种的树木，15万种高等植物，包括有9万吨的植物生物量。而且大约有43万种有经济及社会利益的植物发现于亚马逊雨林，还有更多的有待发现及分类。

　　在温暖多雨的热带自然形成的，富有厚茎藤本、木质和草质附生植物的常绿森林生物群落，优越而稳定的环境为数以万计的生物种类提供了最佳生存和发展的条件。

热带雨林是树木的王国，种类极其丰富，通常在4000平方米内可以找到直径10厘米以上乔木达40种至100种。它们较均匀地混合生长，一般缺乏明显优势种类。

各种树木的外貌彼此却很相似：树干粗直犹如圆柱，在近树梢处才有分枝，浅色树皮薄而光滑。高大乔木的茎下部生有数片扁平三角形的板根，高约3米至8米，形态多样。它们的叶片通常全缘、革质发亮，特别是大多具有显著突出的尖形顶端，称为滴尖。花普遍生在无叶的树干或老枝上，这种茎花是雨林乔木的典型特征，如可可树、咖啡树等皆是。

在水热条件适宜的环境中，由于争夺光照和生存空间的竞争异常强烈，所以乔木高度和形状存在很大差别。上层乔木树冠近圆形，连接稍密，约高20米至30米，最下层乔木树冠呈锥形，常是最密集的一层。林下的灌木不多，叶常簇生于树梢，草本稀疏而具有大型薄软叶片。

在这里，藤本和附生植物的特别繁盛，对森林结构影响甚大。大型木质藤本借助乔木支持登上树顶才开花，最长可达240米，常有失去支持的扁粗藤条悬在地上。附生植物除蕨类与苔藓外，更有许多有花植物，依照所生部位的光照和水分条件差异而分化为喜光与耐荫、旱生到湿生种种生态类型。

绞杀植物又称毁坏植物，更是雨林典型的也是特有的类型。它最初附生于乔木茎上，然后勒死后者再用长出的根独立生活，因此在一株树上有时可见两种叶子。

在亚马逊森林，最常见的物种是一种细长的棕榈树。

棕榈树也称棕衣树、棕叶树、百页草、定海针。属常绿乔木。高3米至10米或更高，树干圆柱形，被不易脱落的老叶柄基部和密集的网状纤维，除非人工剥除，否则不能自行脱落，裸露树干直径10厘米至15厘米甚至更粗。

叶片呈扇形或者近圆形，深裂成30片至50片具皱折的线状剑形，宽约2.5厘米至4厘米，长60厘米至70厘米的裂片，裂片先端具短2裂或2齿，硬挺甚至顶端下垂；叶柄长75厘米至80厘米或甚至更长，两侧具细圆齿，顶端有明显的戟突。

花序粗壮，多次分枝，从叶腋抽出，通常是雌雄异株。雄花序长约40厘米，具有2个至3个分枝花序，下部的分枝花序长15至17厘米，一般只二回分枝；雄花无梗，每2朵至3朵密集着生于小穗轴上，也有单生的；黄绿色，卵球形，钝三棱；花萼3片，卵状急尖，几分离，花冠约2倍长于花萼，花瓣阔卵形，雄蕊6枚，花药卵状箭头形；雌花序长80厘米至90厘米。

花序梗长约40厘米，其上有3个佛焰苞包着，具4个至5个圆锥状的分枝花序，下部的分枝花序长约35厘米，2至3回分枝；雌花淡绿色，通常2朵至3朵聚生；花无梗，球形，着生于短瘤突上，萼片阔卵形，3裂，基部合生，花瓣卵状近圆形，长于萼片1/3，退化雄蕊6枚，心皮被银色毛。

果实阔肾形，有脐，宽11毫米至12毫米，高7毫米至9毫米，成熟时由黄色变为淡蓝色，有白粉，柱头残留在侧面附近。种子胚乳均匀，角质，胚侧生。花期4月，果期12月。

棕榈性喜温暖湿润的气候，极耐寒，较耐阴，成品极耐旱，惟不能抵受太大的日夜温差。生于排水良好、湿润肥沃的中性、石灰性或微酸性土壤，耐轻盐碱，也耐一定的干旱与水湿。抗大气污染能力强。易风倒，生长慢。

棕榈科植物以其特有的形态特征不仅构成了热带植物部分特有的景观，而且还有多种用途。木材可以制器具，棕榈叶鞘为扇子型，有棕纤维，叶可制扇、帽等工艺品，根可以入药。

棕榈油在世界上被广泛用于烹饪和食品制造业。它被当做食油、松脆脂油和人造奶油来使用。像其他食用油一样，棕榈油容易被消化、吸收，以及促进健康。棕榈油是脂肪里的一种重要成分，属性温和，是制造食品的好材料。

从棕榈油的组合成分看来，它的高固体性质甘油含量让食品避免氢化而保持平稳，并有效的抗拒氧化，它也适合炎热的气候，成为糕点和面包厂产品的良好佐料。由于棕榈油具有的几种特性，它深受食品制造业所喜爱。此外，棕榈油还可以用来制造肥皂、菜油、以及其他许多种类的产品。

在亚马逊森林，像棕榈这类热带雨林植物丰富多姿，种类繁多。在这湿漉漉的环境里，不少植物，在外观上区别不是很大，都是青枝绿叶的，但却都有不同的名字。

诸如属于山榄科植物的人面果，叶片肥大的腊肠树和原产太平洋诸岛的面包树，等等。这些树木都有不同的作用和用途。

人面果树高20米至30米，果实上呈扁圆形，前面是为银白色，后面是赤黄色。果实上有些突出的果疤，巧似人脸上的眼、鼻、眉，而且分布的亦如人连的五官一样匀称。因此整个果实看起来仿佛是一张小孩的脸。

这种树每年3月开花，5月结出拳头大的果实。每当收获季节，那压满枝头的累累果实犹如枝叶扶疏间的一张小脸，特别惹人喜爱。人面果是一种食药两用佳果，其果实食用，味美香甜。从根到叶均可入药，具有清热解毒，祛风活络，调气止痛，清肝明目，益肾固精，补血养颜等功能。

叶片为羽状的面包树每年11月至次年7月连续花开不断，随后便挂上果实，果实是圆的，成双成对，嫩叶为绿色，成熟后变成黄色，犹如树上悬挂着一个个烤熟的面包。其果不仅味道好，而且营养丰富，是当地居民的主要食品。

腊肠树属苏木亚科，落叶乔木，高达22米，花落后结出长棍棒状不开裂荚果，长约30厘米到60厘米，1.5厘米到2.5厘米阔，需时一年才成熟，颜色由绿转黑褐，每室有一种子，呈扁圆形有褐色光泽，果肉是沥青状黑色黏质，有一股刺鼻的气味。种子有说味甜可食用，亦有说有毒，有轻泻作用，古埃及人用此来作泻药用。树皮含单宁，可作红色染料。

　　事实上，亚马逊森林和树木的作用远非以上这些，其最大价值是被世界公认为的气候调节，被称为"生命氧吧"。亚马逊热带雨林同时具有调节热量及水份的功能，且在氧气及二氧化碳循环中，扮演吸收二氧化碳释出氧气的功能，因此，也有减缓温室效应的作用。但令人遗憾的是，巴西境内迄今约有五分之一的热带雨林已遭到毁灭。由于亚马逊热带雨林有480万平方千米的面积坐落在巴西境内，这就意味着亚马逊森林的生态将会遭受严重破坏。

　　巴西是世界上森林资源的大国，但在20世纪90年代之前，巴

西执政者对森林深远和巨大的社会效益和生态效益很少考虑。这主要表现在始终没有从政策和实践中很好地解决森林保护问题，特别是亚马逊森林保护和发展的问题。亚马逊河流域占全巴西面积的56%，相当于南美洲大陆的三分之一。

亚马逊热带雨林植被丰富，每平方公里不同种类的植物多达1200种。然而，随着热带雨林的过度采伐，至少有50万至80万种动植物种面临灭绝。

资料显示，1970年，当时的巴西为了解决东北部的贫困问题，大举开发亚马逊地区。于是，从1970年至2010年，巴西亚马逊流域的大片原始森林遭到破坏，毁坏的热带雨林面积达65.3万平方千米。

仅从2001年至2010年的10年间，巴西就失去了16.5万平方千米的热带雨林，面积相当于乌拉圭或突尼斯。使巴西热带雨林的生态环境遭到进一步的破坏。

对此，巴西政府愈来愈清醒地认识到问题的严重性，先后制定了多项环保政策，采取多种措施加强对林区环境的保护与监测。巴西政府先后颁布了《环境法》和《亚马逊地区生态保护法》。在1988年所颁布的新宪法中，加入了有关环境问题的条文，规定亚马逊地区是国家遗产，国家负责为该地区的持续发展寻求出路。

　　同时，出台了保护生态平衡的相关细则，提出了政府和公民在保护环境方面的权利与义务。巴西国家林业发展局也制定有关法律法规，对毁林烧荒给亚马逊森林造成严重灾害的个人或机构，将以破坏生态环境罪予以起诉，给予严厉的法律制裁和巨额罚款。与此同时，巴西政府加大了相关资金投入。1991年至2002年，政府为保护亚马逊地区生态和自然资源，累计投资近1000亿美元。环保与可持续发展成为政府的优先目标之一。

　　为了防止亚马逊热带雨林遭到进一步破坏，巴西政府计划在2018年前每年退耕还林2100平方千米。专家认为，为保存热带雨林珍贵的自然功能及价值，目前还应采取的行动包括：

改变可能刺激砍伐森林或误用土地的经济及其他政策。例如应该停止对鼓吹开发森林的个人或企业提供税务优待及补助。

促进鼓励持久性土地及资源利用的政策。例如实行土地改革，对适当进行管理及再植森林的个人或企业，提供财政奖励或优待。

鼓励发展新能源政策，使其不再依赖破坏雨林来取的立即可用的资源。例如四线道高速公路使人容易进入丛林，大型水坝可以产生大量需要的电力，但是两项工程都威胁雨林的未来，因此应该谨慎行之。

热带木材的进口应该禁止，木材须来自适当管理的保留区。

以贷款、奖金及技术援助的方式，鼓励再植森林。

扶植培养雨林区的地方环保团体加强合作，影响当地政府政策制定。

延 伸 阅 读

在亚马逊森林里，动物种类同样丰富多样。其中生活于上层树冠的哺乳动物比例很大，如长臂猿、黑猩猩等在树冠与地面间搜寻食物；较大型哺乳动物如象、鹿、狮、豹等以叶子、落果或动物为食；地下穴居动物以蚁类最多，为清除枯落物起了很大作用。

西伯利亚针叶林

　　西伯利亚针叶林位于俄罗斯的西伯利亚地区。针叶林是寒温带的地带性植被，是分布最靠北的森林，针叶林的北界就是森林的北界。在寒温带以外的地方，也生长着很多不同类型的针叶林，但是面积比起寒温带的针叶林要小很多。

　　根据俄罗斯林务局的统计，截至1993年底，俄罗斯共有森林面积7.635亿公顷，约占全球森林面积的22%；林木总蓄积量807亿立方米，占全球森林总蓄积量的22%左右。森林覆盖率为45.2%，

人均森林面积5.2 公顷，是世界上森林资源第一大国。

俄罗斯林务局管辖的森林中，针叶林面积为5.08亿公顷，软阔叶林面积1.13亿公顷，硬阔叶林面积1700万公顷。针叶林的最主要树种为落叶松，其面积超过其他针叶树种的总和。

寒温带的针叶林又叫泰加林，泰加林原是指西西伯利亚带有沼泽化的针叶林，现在泛指寒温带的针叶林。在北半球的寒温带地区，泰加林几乎从大陆的东海岸一直分布到西海岸，形成壮观的茫茫林海。欧洲至西伯利亚的泰加林是世界上最大的森林，纬度几乎跨了半个地球。由于跨度太大，欧亚大陆的寒温带地区在不同地区的气候条件等有所不同。最西部的北欧地区受海洋性气候影响，气候相对温暖湿润，年温差较小，泰加林只分布在接近北极圈的遥远北方，树木主要有云杉等较喜阴湿环境的树种。

东西伯利亚地区有大面积的兴安落叶松林，东部的东西伯利亚地区大陆性气候明显，冬季极端寒冷但夏季并不寒冷，年温差极大，世界上年温差最大的地方和北半球冬季最寒冷的地方都在这里。东西伯利亚地区春秋两季非常短暂，严寒的冬季很快就变成温暖的夏季，温

度上升非常快。这种温度在短
时间内迅速增长的春季被称为
"西伯利亚式的春天"。所以
落叶松以落叶的形式抵御东西
伯利亚比北极还严寒的冬季。

泰加林带主要由耐寒的针
叶乔木组成森林植被类型。主
要的树种是云杉、冷杉、落叶
松等，而且往往是单一树种的
纯林。泰加林中树木纤直，高
15米～20米，但多长成密林，
在高地上成片分布，其间低洼
处，则交织着沼泽。林下土壤是酸性贫瘠的灰土，偏北和地势偏
高的泰加林中，土壤表层下还有永久冻土层。

泰加林地区的特点是夏季温凉，冬季严寒，气候干燥。一般
说来，泰加林区植物生长期是较短的。泰加林植物以松柏类占优
势，叶均缩小呈针状，具各种抗旱耐寒的结构，是对生长季短和
低温引起的生理性适应。

落叶松是西伯利亚针叶林的主要树种之一，为松科落叶松属
的落叶乔木，高达35米，胸径60厘米至90厘米；幼树树皮深褐
色，裂成鳞片状块片，老树树皮灰色、暗灰色或灰褐色，纵裂成
鳞片状剥离，剥落后内皮呈紫红色；枝斜展或近平展，树冠卵状
圆锥形。

生长一年的落叶松枝较细，淡黄褐色或淡褐黄色，直径约1

毫米，无毛或有散生长毛或短毛，或被或疏或密的短毛，基部常有长毛；二、三年生枝褐色，灰褐色或灰色；短枝直径2毫米至3毫米，顶端叶枕之间有黄白色长柔毛；冬芽近圆球形，芽鳞暗褐色，边缘具睫毛，基部芽鳞的先端具长尖头。

落叶松的叶倒披针状条形，长1.5厘米至3厘米，宽0.7毫米至1毫米，先端尖或钝尖，上面中脉不隆起，有时两侧各有1条至2条气孔线，下面沿中脉两侧各有2条至3条气孔线。

落叶松的球果幼时呈紫红色，成熟前卵圆形或椭圆形，成熟时上部的种鳞张开，黄褐色、褐色或紫褐色，长1.2厘米至3厘米，径1厘米至2厘米，种鳞约14枚至30枚；中部种鳞五角状卵形，长1厘米至1.5厘米，宽0.8厘米至1.2厘米，先端截形、圆截形或微凹，鳞背无毛，有光泽；苞鳞较短，长为种鳞的1/3至1/2，近三角状长卵形或卵状披针形，先端具中肋延长的急尖头；

落叶松的种子呈斜卵圆形，灰白色，具淡褐色斑纹，长3毫米至4毫米，径2毫米至3毫米，连翅长约1厘米，种翅中下部宽，上部斜三角形，先端钝圆；子叶4枚至7枚，针形，长约1.6厘米；初生叶窄条形，长1.2厘米至1.6厘米，上面中脉平，下面中脉隆起，先端钝或微尖。花期5月至6月，球果9月成熟。

落叶松是喜光的强阳性树种，适应性强，对土壤水分条件和土壤养分条件的适应范围很广。落叶松最适宜在湿润、排水、通气良好，土壤深厚而肥沃的土壤条件下生长最好，但落叶松在干旱瘠薄的山地阳坡或在常年积水的水湿地或低洼地也能生长，只是生育不良。落叶松耐低温寒冷，一般在最低温度达零下50℃的条件下也能正常生长。

落叶松的木材重而坚实，抗压及抗弯曲的强度大，而且耐腐朽，木材工艺价值高，是电杆、枕木、桥梁、矿柱、车辆、建筑等优良用材。同时，由于落叶松树势高大挺拔，冠形美观，根系十分发达，抗烟能力强，所以又是一个优良的园林绿化树种。

冷杉是西伯利亚针叶林的又一重要树种。冷杉，是常绿乔木，树干端直，枝条轮生。冷杉属植物发生于晚白垩世，至第三纪中新世及第四纪种类增多，分布区扩大，经冰期与间冰期保留下来，繁衍至今。

冷杉树一般高达40米，胸径达1米；树皮灰色或深灰色，裂成不规则的薄片固着于树干上，内皮淡红色；大枝斜上伸展，一年生枝淡褐黄色、淡灰黄色或淡褐色，叶枕之间的凹槽内有疏生短毛或无毛，二、三年生枝呈淡褐灰色或褐灰色；冬芽圆球形或卵圆形，有树脂。

冷杉树叶在枝条上面斜上伸展，枝条在下面之叶列成两列，条形，直或微弯，长1.5厘米至3厘米，宽2毫米至2.5毫米，边缘微反卷，或干叶反卷，先端有凹缺或钝，上面光绿色，下面有两条粉白色气孔带，每带有气孔线9条至13条；横切面两端钝圆，靠近两端下方的皮下层细胞各有1个边生树脂道，上面皮下层细胞一层，中部连续排列，两侧间断排列，两端边缘及下面中部有一至二层皮下细胞，二层者则内层不连续。

冷杉树的球果为卵状圆柱形或短圆柱形，基部稍宽，顶端圆或微凹，有短梗，熟时暗黑色或淡蓝黑色，微被白粉，长6厘米至11厘米，径3厘米至4.5厘米；中部种鳞扇状四边形，长1.4厘米至2厘米，宽1.6厘米至2.4厘米，上部宽厚，边缘内曲，下部两侧耳状，基部窄成短柄状；苞鳞微露出，长1.2厘米至1.8厘米，上端宽圆，边缘有细缺齿，中央有急尖的尖头，尖头通常向后反曲。

冷杉树的种子呈长椭圆形，较种翅长或近等长，种翅黑褐色，楔形，上端截形，连同种子长1.3厘米至1.9厘米。花期为5个月，球果10月成熟。

冷杉具有较强的耐阴性，适应温凉和寒冷的气候，土壤以山地棕壤、暗棕壤为主。常在高纬度地区至低纬度的亚高山至高山地带的阴坡、半阴坡及谷地形成纯林，或与性喜冷湿的云杉、落叶松、铁杉和某些松树及阔叶树组成针叶混交林或针阔混交林。

冷杉的树皮、枝皮含树脂，是制切片和精密仪器最好的胶接剂。冷杉的木材色浅，心边材区别不明显，无正常树脂道，材质轻柔、结构细致，无气味，易加工，不耐腐，为制造纸浆及一切木纤维工作的优良原料，可作一般建筑枕木（需防腐处理）、器具、家具及胶合板，板材宜作箱盒、水果箱等。冷杉的树干端直，枝叶茂密，四季常青，可作园林树种。

西伯利亚针叶林还有一种常见树种是云杉。云杉树高达60米，胸径达4米~6米；幼树树皮薄，老树树皮厚，裂成小块薄片。树皮为淡灰褐色或淡褐灰色，裂成不规则鳞片或稍厚的块片脱落。

云杉的小枝有疏生或密生的短柔毛，或无毛，一年生时淡褐黄色、褐黄色、淡黄褐色或淡红褐色，叶枕有白粉，或白粉不明显，二、三年生时灰褐色，褐色或淡褐灰色；冬芽圆锥形，有树脂，基部膨大，上部芽鳞的先端微反曲或不反曲，小枝基部宿存芽鳞的先端多少向外反卷。

云杉的主枝之叶辐射伸展，侧枝上面之叶向上伸展，下面及两侧之叶向上方弯伸，四棱状条形，长1厘米至2厘米，宽1毫米至1.5毫米，微弯曲，先端微尖或急尖，横切面四棱形，四面有气孔线，上面每边4条至8条，下面每边4条至6条。

云杉的球果圆柱状矩圆形或圆柱形，上端渐窄，成熟前绿

色，熟时淡褐色或栗褐色，长5厘米至16厘米，径2.5厘米至3.5厘米；中部种鳞倒卵形，长2厘米，宽1.5厘米，上部圆或截圆形则排列紧密，或上部钝三角形则排列较松，先端全缘，或球果基部或中下部种鳞的先端两裂或微凹；苞鳞三角状匙形，长约5毫米。

云杉的种子呈倒卵圆形，长约4毫米，连翅长约16厘米，种翅淡褐色，倒卵状矩圆形；子叶6枚至7枚，条状锥形，长1.4至2厘米，初生叶四棱状条形，长0.5厘米至1.2厘米，先端尖，四面有气孔线，全缘或隆起的中脉上部有齿毛。花期4月至5月，球果9月至10月成熟。

云杉耐荫能力较强，对气候要求不严，多分布于年平均4℃~12℃，年降水量400毫米至900毫米，年相对湿度60%以上高山地带或高纬度地区。抗寒性较强，能忍受零下30℃以下低温，但嫩枝抗霜性较差。在气候温和而又湿润的条件下，在酸性至微酸性的棕色森林土或褐棕土生长甚好。

云杉木材通直，切削容易，无隐性缺陷。可作电杆、枕木、建筑、桥梁用材；还可用于制作乐器、滑翔机等，并且是造纸的原料。云杉针叶含油率约0.1%~0.5%，可提取芳香油。树皮含单宁6.9%~21.4%，可提取。

云杉树姿端庄，适应性强，抗风力强，耐烟尘，木材纹理细，质坚，能耐水，可供桥梁、家具用材；茎皮纤维制人造棉和绳索。叶可入药。

俄罗斯森林资源极为丰富，在世界上占有重要地位。无论是森林总面积和森林资源占有总量，还是人均森林面积和人均森林蓄积量，都位居世界前列。

俄罗斯森林资源主要分布在西伯利亚、西北和远东联邦区。其中，乌拉尔山脉以东的亚洲地区，即西伯利亚和远东地区的森林储量占俄罗斯森林总储量的60%。特别是远东联邦区森林覆盖面积2.57亿公顷，木材蓄积量223亿立方米，其中48%为可供开发的成熟林，是俄森林资源最富集的地区，也是世界森林资源最丰富的地区之一。

在树种结构中，针叶树种占有绝对比例优势，占总林木蓄积量的80%，主要分布在远东和西伯利亚地区。俄南方以混阔叶林为主；西伯利亚地区优势种为落叶松，还有一些云杉、松树和冷杉等；西部重要的树种有挪威云杉、欧洲赤松等。

在林龄结构中，俄罗斯的成熟林和过熟林占绝大多数。无论是针叶林还是阔叶林，其他熟林和过熟林蓄积量居多，且比较集中地分布在亚洲部分。过熟林特点是生长衰退、病腐木增多，应及时采伐利用。而成熟林如果不及时采伐会造成病虫害，以及树木腐朽无用。

延 伸 阅 读

泰加林最明显的特征之一，就是外貌特殊，极易和其他森林类型区别。泰加林另一个典型特征，就是群落结构极其简单，常由一个或二个树种组成，下层常有一个灌木层、一个草木层和一个苔原层（地衣、苔藓和蕨类植物）。

加拿大森林

加拿大为北美洲最北的国家，西抵太平洋，东迄大西洋，北至北冰洋，东北部和丹麦领地格陵兰岛相望，东部和法属圣皮埃尔和密克隆群岛相望，南方与美国国土接壤，西北方与美国阿拉斯加州为邻。领土面积达998万平方千米，为全世界面积第二大的国家。

加拿大的森林覆盖面积为达440万平方千米，占全国总面积的44%，居世界第六。产材林面积286万平方千米，占全国领土面积的29%；木材总蓄积量为172.3亿立方米。

1885年，加拿大在大面积的森林上建起了国家森林公园。加拿大国家森林公园又称班夫国家公园，它坐落于落基山脉北段，距加

拿大阿尔伯塔省卡尔加里以西约110千米至180千米处。公园共占地6641平方千米，遍布冰川、冰原、松林和高山。冰原公路从路易斯湖开始，一直连接到北部的贾斯珀国家公园。西面是省级森林和幽鹤国家公园，南面与库特尼国家公园毗邻，卡纳纳斯基斯镇位于其东南方。

加拿大横贯公路穿过加拿大国家森林公园，从东面的边界坎莫尔开始，穿越班夫和路易斯湖，抵达不列颠哥伦比亚的幽鹤国家公园。班夫镇是公园里主要的商业区。路易斯湖山谷位于加拿大横贯公路和冰原公路的连接处，其北面是贾斯珀镇。

加拿大国家森林公园有三个生态区域，包括山区、亚高山带和高山。亚高山带生态区由很多茂密的森林组成，占班夫面积的53%。公园27%的区域位于林木线之上，属于高山生态区。 班夫的林木线的位置大约是2300米，上面是高山生态区空旷的牧场，其中部分地区被冰河所覆盖。

公园的3%位于低海拔地区，属于山区生态区域。该地区绝大部分树木为黑松，英国针枞、柳树、杨树散布其中，还有少数的花旗松和枫木。英国针枞在亚高山带生态区更为常见，黑松和亚高山松也分布在一些地区。山区生态区域更适合野生动物生活，多年来受到人类活动的影响。

黑松，别名白芽松，常绿乔木，高达30米，胸径可达2米；幼树树皮暗灰色，老则灰黑色，粗厚，裂成块片脱落；枝条开展，树冠宽圆锥状或伞形；一年生枝淡褐黄色，无毛；冬芽银白色，圆柱状椭圆形或圆柱形，顶端尖，芽鳞披针形或条状披针形，边缘白色丝状。

黑松的针叶为2针一束，深绿色，有光泽，粗硬，长为6至12厘米，直径1.5毫米至2毫米，边缘有细锯齿，背腹面均有气孔线；横切面皮下层细胞一层或二层连续排列，两角上二至四层，树脂道6个至11个。

　　黑松的雄球花为淡红褐色，圆柱形，长1.5厘米至2厘米，聚生于新枝下部；雌球花单生或2个至3个聚生于新枝近顶端，直立，有梗，卵圆形，淡紫红色或淡褐红色。

　　黑松的球果成熟前绿色，熟时褐色，圆锥状卵圆形或卵圆形，长4厘米至6厘米，直径3厘米至4厘米，有短梗，向下弯垂；中部种鳞卵状椭圆形，鳞盾微肥厚，横脊显著，鳞脐微凹，有短刺。

　　黑松的种子呈倒卵状椭圆形，长5毫米至7毫米，直径为2到3.5毫米，连翅长1.5厘米至1.8厘米，种翅灰褐色，有深色条纹；子叶5枚至10枚，长2厘米至4厘米，初生叶条形，长约2厘米，叶缘具疏生短刺毛，或近全缘。花期4月至5月，种子第二年10月成熟。

黑松为阳性树种，喜光，耐寒冷，不耐水涝，耐干旱、瘠薄及盐碱土。适生于温暖湿润的海洋性气候区域，喜微酸性砂质壤土，最宜在土层深厚、土质疏松，且含有腐殖质的砂质土壤处生长。生长慢，寿命长。黑松一年四季长青，抗病虫能力强。

黑松为著名的绿化树种，可用作防风，防潮，防沙林带风景林，行道树或庭阴树。

黑松是经济树种，可提供更新造林、园林绿化及庭园造景。木材有松脂，纹理直或斜，结构中至粗，材质较硬或较软，易施工。可供建筑、电杆、枕木、矿柱、桥梁、舟车、板料、农具、器具及家具等用，也可作木纤维工业原料。

树木可用以采脂，树皮、针叶、树根等可综合利用，制成多种化工产品，种子可榨油。可从中采收和提取药用的松花粉、松节、松针及松节油。

英国针枞又称英格曼云杉，为多年生长绿乔木，栖息在海拔2000米到3800米的山区与河谷，抗寒区为6级至7级区，需有足够

日照，湿润环境，排水良好、中性至酸性的土壤，能在贫瘠或强酸土质生长，但不能适应空气污染环境，生长缓慢，自然环境中常聚生成广大的纯林。

树干高可达45米，直径可达100厘米，表面覆盖着不规则的鳞片状木皮，紧密而粗糙，呈灰褐色。

树枝初为棕黄色或棕红色，后变成褐色或灰褐色。

叶为针状叶片沿小枝往上向前层叠生长，下沿叶片逐渐横向展开，叶片表面可能覆有白霜、微弯，截面呈四角型，长约10毫米至20毫米，径约1毫米至2毫米，每边有4个到8个气孔，尾端尖锐。每年4月开花，雌雄异花同株，籍风授粉。

孢子叶球，初为果绿色、成熟时呈浅棕色或红褐色，圆柱型毬果，长约5厘米至16厘米，直径约2.5厘米至3.5厘米，由带有种子的种鳞组成，种鳞倒卵形，长约2厘米，宽约1.5厘米，边缘半整或锯齿状。种子呈倒卵形，长约4毫米，翼宽11毫米，每年9月至10月种子成熟。

英国针枞木材容易干燥，收缩适中，不易炸裂。机器加工性能良好，车削、刨光、定型、砂磨及装饰效果好，加之共鸣品质优良，可用作大钢琴、声学吉他和其它弦乐器的共鸣板。又由于它几乎无嗅无味，也适用于食品储存和加工。

杨树在加拿大国家森林公园也随处可见。杨树是杨柳科杨属植物落叶乔木的通称，全属有100多种。树身高达30米，树皮为灰绿色或灰白色，皮孔菱形散生，或2个至4个连生。

老树干基部黑灰色，纵裂。芽卵形，花芽卵圆形或近球形，微被毡毛。长枝叶阔卵形或三角形状卵形，长10厘米至15厘米，宽8至13厘米，先端短渐尖，基部心形或平截，边缘具波状牙齿；叶柄上部侧扁，长3厘米至7厘米，先端通常有2个至4个腺点；短状叶通常较小，卵形或三角形卵形；边缘具深波状皮齿，叶柄稍短于叶片，侧扁，先端无腺点。

雄花序长10至14厘米；雄花苞片约具10个尖头，密生长毛，雄蕊6至12个，花药红色；雌花序长4至7厘米，苞片尖裂，边缘具长毛；子房长椭圆形，柱头2裂，粉红色。果序长达14厘米；蒴果2瓣裂。花期3月至4月，果期4月至5月。

杨树具有早期速生、适应性强、分布广、种类和品种多、容易杂交、容易改良遗传性、容易无性繁殖等特点，因而广泛用于集约栽培。大量早育出来的优良杨树品种，对栽培条件的改善反映很灵敏，可大幅度提高生产力，对解决木材短缺起着很大作用。

杨树可广泛用于生态防护林、三北防护林、农林防护林和工业用材林。杨树做为道路绿化，园林景观用也是一个非常优秀的树种，其特点是高大雄伟、整齐标志、迅速成林，能防风沙，吸收废气。

森林和森林资源是加拿大生活不可缺少的组成部分。4亿多公顷的森林占加拿大陆地面积的一半左右，这些森林缓和气候、净化水质、稳定土壤，并为野生动物提供居所。这一财富对加拿大地理、文化和工业都是至关重要的，人们可以在一个美好而又健康的环境中休息和娱乐，加拿大居民及游客也可任梦想和想象驰骋。

对于在森林地区工作或生活的众多加拿大人而言，森林提供了物质、文化及精神养分。土著居民以可持续性方式使用社区森林资源：木材、野生动物、草本植物和药用植物。各社区和承包商可采获枫树液、蘑菇、树脂和工艺制作材料。

木材是许多加拿大人的骄傲，这不仅包括建筑用材，而且包括建筑物结构和日常物品所用材料。伐木业大约0.3%的树木收成为国内和国际市场提供这些产品。环保团体对森林条件进行监控，并就森林财产保护状况撰写报告。联邦、省级和地区政府通过政策和立法对所有这些活动进行监督和整合。

林业界是加拿大经济和国民生产总值的重要组成部分，每年带来约800亿的价值。超过36.1万的人直接受雇于林业界。与加拿大森林有关的旅游业也对加拿大经济起到推进作用。

加拿大各地居民都将森林用于娱乐目的，从周末野营到教育性野外度假。景色优美秀丽，野生动物近在咫尺，自然环境中空气和水更加纯净，这一切都使人感到平静和安宁。

从卑诗省茂盛的雨林到贯穿加拿大东西的北方森林到北极林木线树木稀疏地区，加拿大森林是无价的自然资源。由于森林一直是加拿大民族精神的一部分，人们常常把这些资源视作当然。但是，加拿大森林如今面临着巨大挑战。

气候变化的影响尚不十分明朗，但人们对与火灾和虫害、生态系统、植物生长和碳循环有关的重大变化已作出预

测。应对未来变化的适应策略也在探究之中。

环境退化常常缘自人类活动，如石油和天然气勘探、水电项目、伐木，以及城市住宅向农村森林覆盖地区扩展。当前另一个挑战是野生动物栖息地的丧失。为应对这些挑战，政府及业内研究人员继续监控加拿大森林状况，研究影响森林健康发展的因素。森林使用者正越来越多地遵循可持续性管理实践，以重建及保护环境。

加拿大森林是宝贵的民族财富。本着合作及对话的明智管理实践将确保其代代相传，始终成为加拿大生活的重要组成部分。

延 伸 阅 读

加拿大国家森林公园内的植被主要有山地针叶林、亚高山针叶林和花旗松、白云杉、云杉树等。另外还有500多种显花植物。另外，公园内还有棕熊、美洲黑熊、鹿、驼鹿、野羊和珍稀的山地狮、美洲豹、大霍恩山绵羊、箭猪、猞猁等动物。

大兴安岭森林

　　美丽、富饶、古朴、自然，无任何污染的黑龙江大兴安岭林区，位于我国的最北边陲，它东连绵延千里的小兴安岭，西依呼伦贝尔大草原，南达肥沃、富庶的松嫩平原，北与俄罗斯隔江相望，境内山峦叠嶂，林莽苍苍，雄浑八万里的疆域，一片粗犷。

　　大兴安岭是我国面积最大的现代化国有林区，总面积8.46万平方千米，覆盖着广袤无垠的森林，素有"绿色宝库"之美誉。有林地面积646.36万公顷，活立木蓄积5.29亿立方米，其中，用材林蓄积4．4亿立方米，森林覆盖率为75.16％。区内有野生动物390余种，植物资源966种，地下蕴藏大量矿产资源，有五荒资源

1834万亩，可利用的天然草场400万亩，境内流域面积达710平方公里。

森林，是大兴安岭最雄厚的资源。这里是绿色的王国，在绵绵不尽的群山上，各类树木多达上百种。

其中，最具代表性的树木应是在大兴安岭随处可见的白桦树。

白桦树，又名桦树、桦木、桦皮树，为落叶乔木。它的树高可达27米，胸径50厘米；树冠卵圆形，树皮灰白色，纸状分层剥离，皮孔黄色。

白桦树枝条呈暗灰色或暗褐色，成层剥裂，具或疏或密的树脂腺体或无；小枝细，暗灰色或褐色，外被白色蜡层。无毛亦无树脂腺体，有时疏被毛和疏生树脂腺体。

白桦树的叶子是三角状卵形的，有的近似于菱形，叶缘围着一圈重重叠叠的锯齿，其叶柄微微下垂，在细风中飒飒作响。

叶厚纸质，长3厘米至9厘米，宽2厘米至7.5厘米。叶顶端锐尖，渐尖至尾状渐尖，基部截形，宽楔形或楔形，有时微心形或近圆形，边缘具有不规则重锯齿，有时具缺刻状重锯齿或单齿，上面于幼时疏被毛和腺点，成熟后无毛无腺点，下面无毛，密生腺点。有侧脉5对至8对，叶柄细瘦，长1厘米至2.5厘米，背面疏生油腺点，无毛或脉腋有毛。

白桦树花期五六月，8月至10月果熟。其花单性，雌雄同棵，柔荑花序。果序单生，呈圆柱形或矩圆状圆柱形，通常下垂，长2至5厘米，直径6至14毫米。

序梗细瘦，长1至2.5厘米，密被短柔毛，成熟后近无毛，无或具或疏或密的树脂腺体。果苞长3至7毫米，背面密被短柔毛至成熟时毛渐脱落，中裂片三角形，侧裂片平展或下垂。

坚果小而扁，呈椭圆形、狭矩圆形、矩圆形或卵形，长1.5毫米至3毫米，宽约1毫米至1.5毫米，背面疏被短柔毛。两侧具有膜质翅，较果长1/3，与果等宽或比果稍宽一些。膜质翅就像两个宽宽的翅膀，使得果实可以随风飘荡，落在适宜的土壤上就能生根发芽，繁衍后代。

我国大、小兴安岭及长白山均有成片纯林，在华北平原和黄土高原山区、西南山地亦为阔叶落叶林及针叶阔叶混交林中的常见树种。

白桦树喜光，不耐阴，耐严寒，对土壤适应性强，喜酸性土，沼泽地、干燥阳坡及湿润阴坡都能生长，分布甚广，尤喜湿润土壤，为次生林的先锋树种。

深根性树种，耐瘠薄，

常与红松、落叶松、山杨、蒙古栎混生或成纯林。天然更新良好，生长较快，萌芽强，寿命较短。

白桦树的木材可供一般建筑及制作器、具之用，可用于制作胶合板、细木工、家具、单板、防止线轴、鞋楦、车辆、运动器材、家具、乐器、造纸原料等。其树皮不仅能可供提取桦油，在民间也用于编制日用器具。

大兴安岭境内原始森林中的野生白桦树的汁液，是一种无色或微带淡黄色的透明液体，有清香的松树气味，含有人体必需且易吸收的多种营养物质，具有抗疲劳、抗衰老的保健作用。

天然桦树汁不仅是桦树的生命之源，也是世界上公认的营养丰富的生理活性水。

桦木皮也有清热利湿，祛痰止咳，解毒消肿的作用，可用于治疗风热咳喘、痢疾、黄疸、咳嗽、乳痈、疖肿、痒疹、烫伤等。

白桦树枝叶扶疏，姿态优美，尤其是树干修直，冰肌玉骨，素淡深邃。白桦树或孤植或丛植于庭园、公园之草坪、池畔、湖滨或列植于道旁均颇美观。

若在山地或丘陵坡地成片栽植，还可组成美丽的风景林。因此，历来有许多艺术大师喜以白桦为题材进行艺术创作，来表现白桦的美、白桦的气质、白桦的情感。

白桦高贵神圣，风姿绰约，妩媚迷人。有人描摹春季的白桦，说她从沉睡中苏醒，在春之声中跳起芭蕾，洁白雅致宛如天使一般，把生机洒向人间。

有人赞美着夏天的白桦，称她穿上了翠衣，枝繁叶茂，郁郁葱葱，托起一片青山绿水。

有人感叹秋天的白桦，别有一番色彩。风凉凉的吹着，太阳的光线穿透在风中舞蹈的叶子，将阳光的色彩融进自己的经脉，白桦树叶的金色便在阳光下熠熠闪光，在萧瑟中储存着一片金黄。

有人仰慕冬天的白桦，树叶虽已落光，但紫红色的树梢，迎

风傲雪，藐视着一切严酷和肃杀，显示出无比旺盛的生命力。

在我国的满族神话中，白桦的来历还有一个美丽的传说。据说，天神阿布卡恩都里做了一个泥人放在柳叶上，顺水漂到了大地上。后来，泥人与美丽的鹿成亲繁衍了人类。

阿布卡恩都里立了大功，成为九天上的神中大神，他住在华丽的宫殿里。在他的宫中有一个聚宝宫，收藏了3000多个宝匣子，他自己掌管着钥匙，不许他人动用。

阿布卡恩都里有3个女儿，大女儿叫蓝天，性格温顺，事事顺从父亲；二女儿叫星星，美丽漂亮，总把自己打扮得金光闪闪；三女儿叫白云，身披雪花云镶成的银光衫，聪明伶俐，正直善良。阿布卡恩都里非常喜欢她们。

阿布卡恩都里造就人类后，人们过着美满的生活，渐渐地，他们开始不再听从阿布卡恩都里的命令。为了争夺人口和土地，他们之间经常互相争战。这触怒了阿布卡恩都里，他一气之下打

开了宝匣，把洪水撒向人间，要淹没一切生灵。

　　三女儿白云看见父亲用这种残忍的办法惩罚人类，十分同情大地的生灵，请求父亲收回洪水。父亲不听她的劝说，孤注一掷。白云看见人和动物在洪水中挣扎，她急忙摘些树枝阻挡洪水，洪水虽然小了一些，变成了几条洪流，但没有得到根治。

　　为了彻底治理洪水，挽救地球上的生灵，她不顾个人安危，甚至不惜背叛父亲去搭救人类。她偷了父亲的钥匙，打开了宝匣，把黄沙土、黑砂土撒向大地，把洪水压在土下，人类得救了。阿布卡恩都里知道是三女儿偷走了宝匣钥匙后，十分震怒，派天兵到处抓她。白云无处藏身便逃出天宫，来到九层天下，很长时间不回天宫。

　　阿布卡恩都里非常喜爱他的三女儿，也很想她，便让两个姐姐劝她回天宫，只要她能承认错误，父亲就饶恕她。可是，白云认为自己是为了救那些可怜的生灵并没做错，是父亲做错了。

阿布卡恩都里听后气愤万分，降下大雪以示严惩。三女儿宁死不屈，以死向父亲抗争，誓死要与天下百姓生活在一起，为他们造福。最后她被冻死了，变成了洁白如玉的白桦树，生长在长白山脉。

这里居住的满族祖先和她朝夕相处。她让人们用她的躯体做耙、犁辕、盖房子、建哈什，用她的银衫编筐织篓。夏日，让人们用她的汁液解渴。这里的人们亲切地称她白云格格。

无独有偶，在大兴安岭深处，鄂尔克奇北有一座高耸入云的白岭，那岭上也长满了银枝绿叶的白桦树。不过，那里的人们都说这些白桦树是箭矢变成的，关于这里的白桦树形成，也流传着一个故事。

在很早以前，白桦岭上巨石嶙峋、黄沙遍地、寸草不生、野鹿不来、飞龙不落，是一片光秃秃的荒山。而在山的南北各住着一个部落，山南住的是金鄂部落，山北住的是银鄂部落。两个部落常因互占猎场、争夺马匹而发生了战斗。

有一年，银鄂部落的剽悍猎手海星格被推为首领，他一心想打败金鄂部落，就整天带领强壮猎手习武练功。金鄂部落首领牟库赞汗听说海星格准

备进攻金鄂部落，也率领自己的猎民们修弓造箭……

有一天，天朗气清、万里无云，突然烟尘滚滚，一片喊杀声向金鄂部落奔来。牟库赞汗早有准备，集合全部落青壮年猎手前去应战。双方来到秃山前，不由分说地就打起仗来。双方一个占领南坡，一个登上北坡，强弓利箭对射起来。

在他们打得难解难分的时候，山神白那查路过这里，他停住了他的猛虎坐骑，站在白石砬子上观看。

白那查想要帮助他们和解，就请来雷神和雨神。霎时云雾密布，雷电交加，大雨倾盆而下。海星格和牟库赞汗见此情景，只好约定第二天再决一胜负，各自收兵回到部落。

第二天，太阳高照、晴空万里，海星格和牟库赞汗又各领部落人马杀向前来。当他们来到山下一看，只见满山遍野长起了银枝绿叶的白桦林。

海星格和牟库赞汗正在迷惑不解的时候，忽听山里传来了悦耳的歌声：

南山和北山哪，本是一重天。
喝的是一河水呀，同猎在兴安。
都是亲兄弟呀，何必相摧残？
愿春雨洒遍青山哪，兄弟熄烽烟。
箭矢变成白桦林，携手共团圆！

听到这歌声，牟库赞汗和海星格恍然大悟，原来白那查把我们相互仇杀的箭矢变成了可爱的白桦林！他们不约而同地扔掉手

中的武器，奔到山顶亲切地拥抱在一起。金鄂部落和银鄂部落的猎手们也都手拉手，一起唱歌，跳起舞来。

从此以后，两个部落果真和睦相处，鱼水相依。而那些由箭矢变成的满山遍岭的白桦林，也一直繁衍到今天。

除了美丽的白桦林外，大兴安岭还是我国重要的集中连片针叶林区，笔直高耸的落叶松、冬夏常青的樟子松，以及柞树、榆树、杨树、柳树等众多树木长满山山岭岭。其中成熟林3063.7万立方米，近熟林2250.3万立方米，中龄林5988万立方米，幼龄林1334.1万立方米。林木总蓄积占黑龙江省总蓄积的26.6%，占全国总蓄积的7.8%。

延 伸 阅 读

传说，在秦岭的一个白桦林中，一棵名为信哲的桦树爱着一棵名为娓婳的桦树。一天，一个男孩剥下信哲身上的树皮，写了一封情书，有个女孩成了男孩的女友。此后，信哲贡献了所有的树皮，成全了无数爱情，他却因失去营养而死。娓婳悲痛欲绝，以身殉情。

小兴安岭森林

　　小兴安岭原始森林，位于黑龙江鹤岗南麓腹部五营区境内。共有三块面积较大的原始森林保护区，其中面积最大的是位于鹤岗的红松母树保护区。

　　小兴安岭原始森林，占地面积141平方千米，生长着茂盛的针阔叶树170多种，保持原始森林的自然状态。鹤岗与萝北县的西部均为小兴安岭的林区，这里古树参天、松涛滚滚。西部的金顶山原始森林保护区最长的树龄达到千年。

　　小兴安岭，是一座被森林包围着的城市，它被誉为"中国的林都"。

　　在小兴安岭区，生长着红松、落叶松、白桦等100多种树木，人参、刺五加、五味子、黄芪等500多种名贵中药材，和山葡萄、猕猴桃、蘑菇、木耳、蕨菜等山特产。在茫茫林海中还生息着东北虎、马鹿、熊、飞龙等240多种珍禽异兽，俨如一个天然资源的大宝库。

　　得天独厚的森林资源和好山好水，使这里犹如一个无边无际的天然大公园，里面的风景点多不胜数。仅数其著名的，就有集山奇、水秀、瀑美、林茂于一身的茅兰沟，依山傍水的美溪回龙湾度假区，中国林业科学实验基地带岭林区和凉水自然保护区，等等。

小兴安岭还有世界面积最大的红松原始林，其红松蓄积量达4300多万立方米，占全国红松总蓄积量的一半以上，素有"红松故乡"之美称。

红松是松科松属的常绿针叶乔木。树干圆满通直，十分高大，在天然松林内树高多为25米至40米，胸径为40厘米至80厘米，最高的达200厘米。红松是老寿星，寿命长达300年至500年。

红松幼树的树皮呈灰红褐色，皮沟不深，近平滑，鳞状开裂，内皮浅驼色，裂缝呈红褐色，大树树干上部常分叉。心边材区分明显，边材浅驼色带黄白，常见青皮；心材黄褐色微带肉红，故有红松之称。

红松的枝近平展，树冠圆锥形，冬芽淡红褐色，圆柱状卵

形。小枝密被黄褐色的绒毛，针叶5针一束，长厘米6至12厘米，较粗硬，有树脂道3个。

红松的叶鞘早落，球果圆锥状卵形，长9厘米至20厘米，径6厘米至8厘米，种鳞先端反曲，种子大，倒卵状三角形，无翅。花期6月，球果第二年9月至10月成熟。

红松的树皮分为细皮和粗皮类型，细皮类型树皮较薄呈鳞状或长条状开裂，片小而浅，边缘细碎不整齐，树干分叉较少，高生长较快，材质较好。粗皮类型树皮较厚呈长方形大块深裂，边缘较整齐，树干分叉较多。

红松是单性花，雌花和雄花都生长在同一棵树上。红松属于孢子植物门，它的花不是真正的完全花，雌花叫大孢子，也叫雌球花，着生在树冠顶部，结实枝的新生枝顶芽以下部位；雄花叫小孢子，也叫雄球花，多着生在树冠中下部，侧枝新生枝基部。

红松的雄球花一般在6月初形成，初形成长在包鞘里，长0.2厘米至0.4厘米，如麦粒状，两三天就会冲出包鞘，逐渐发育，颜色由黄绿渐变为杏黄或紫黄色，历经十几天到6月中旬发育成熟；长1.5厘米至2.0厘米，菠萝状或圆柱状，小孢子叶开始松散，用手一捏就有黄色花粉液流出。

雌球花一般在6月10日左右形成，其包鞘长椭圆形，长1.5厘米至2.0厘米，一两天冲出包鞘发育成熟，长2.0厘米至2.5厘米，菠萝状，紫色或粉红色，成熟时珠鳞微微张开。

红松雄球花成熟后就开始传粉和受粉。雄球花成熟后顶端变干，孢子叶松散，气温、湿度条件适宜即开始散粉，散完粉的雄球花萎缩变干。雌球花成熟后珠磷张开，内含半透明的黏液，

基部为大孢子囊，授粉完成后珠磷闭合。一般雌球花受粉期为5天~10天，雄球花传粉期4天~8天。

红松是当年受粉第二年春天受精，9月中旬种子成熟。从开花到收获大约160天。天然红松大约80年才开花结实，人工红松大约30年开始结实。

红松是典型的温带湿润气候条件下的树种，喜好温和湿润的气候条件，在湿润度0.5以上的情况下，对温度的适应幅度较大。

红松的耐寒力极强，在小兴安岭林区冬季零下50℃的低温下也无冻害现象。红松喜湿润、土层深厚、肥沃、排水和通气良好的微酸性土壤。

红松对土壤水分要求较严，对土壤的排水和通气状况反应敏感，不耐湿，不耐干旱，不耐盐碱。果松喜光，幼年时期耐阴。

红松是浅根性树种，主根不发达，侧根水平扩展十分发达。果松幼年时期生长缓慢，后期生长速度显著加快，而且在一定时期内能维持较大的生长量，木材蓄积量高。天然红松林200年生每公顷木材蓄积量可达700立方米，人工果松林29年生可达129立方米。

红松喜光性强，随树龄增长需光量逐渐增大。要求温和凉爽的气候，在酸性土壤、山坡地带生长好。

古时候，小兴安岭没有红松。后来漫山遍野突然出现了红松林，这里还流传着一个故事。

很久以前，小兴安岭山脚下，住着一位老妈妈。她年轻时就失去了丈夫，守着一个儿子过活儿。儿子20没出头，身子骨结实得和大树一般，没有他干不了的活。

他经常上山去打猎、挖药材、砍柴，换钱养活老母，既勇敢又善良，大家都喜欢他，

儿子大了，娘该享福了，谁想，老妈妈却病倒了，一病就是几年不起。瞧着患病的妈妈，小伙子剜心似的，恨不得自己能替妈妈患病。他每天都到山里挖药材为母亲治病，能用的药都用

了，可妈妈的病就是不见好。

一天傍晚，他正在老桦树下挖药材，突然来了位白发老人，对他念道："天下百药难治病，唯有'棒槌'真正灵。虎守蛇看难寻取，得到之人定长生。"

小伙子回答说："只要能得到它，治好妈妈的病，我就是赔上性命也行啊！老人家，快告诉我，这种药在哪儿？"

老人笑着说："还命草，处处有，处处无，良善之人终有得，卑劣之徒不相逢。"说完，老人就不见了。

小伙子跑回家，把老妈妈托付给邻居，并连夜为她准备好吃的、喝的和汤药。第二天，小伙子顶着满天星就钻进深山里去了。饿了，就吃些野果；渴了，就喝几口山泉水；累了，就倒在

草地上歇歇。也不知翻了多少座山，过了多少道林，连"棒槌"的影儿都没见到。

正急得直冒火的当儿，深草丛里钻出一只白尾巴狐狸对他说："小伙子，难得你尽孝一片心，前面大石头里有箱元宝，你拿去用吧。找'棒槌'太危险了，不要去了。"

小伙子说："我不图富贵，我要治好妈妈的病，请告诉我'棒槌'在哪儿？"

狐狸听了，禁不住流下了

同情的泪水，从嘴里吐出一粒红丸，说道："你把它吃下去或许能帮你的忙。"

小伙子吃下红丸，顿时神清气爽，力增百倍。狐狸告诉他，再过三座山，就能见到"棒槌"了。

小伙子谢过好心的狐狸，飞跑而去，没多大会儿就到了地方。他钻了那么多年的山，还没见过这样灵秀的山呢！这里凉爽、清幽。树，绿得欲滴，草，肥得流油，花，艳得似霞，鸟，鸣叫如仙乐。他没心情看山景，连气儿也不歇一下，就翻山找起"棒槌"来了。

快到山头时，突然一股药香飘来，仔细一看，不远处，在两块大石头的夹缝里有棵长有一圈红珠子的草，原来那正是他要找的"棒槌"啊！只是这两块大石头长得奇怪，一块微黄，一块油黑。它们正是传说中的虎蛇二神，受"棒槌"姑娘之命，长年累月看守着镇山之宝。

小伙子哪里知道这些，就是知道，也不会顾及的。当他正要上去采摘时，只听猛然"轰"的一声巨响，两块怪石同时炸开了，紧接着就是两股大风直朝他扑来。

这时小伙子才想起有猛虎大蛇守护的事来，连忙抖擞精神，拼出浑身力气和虎蛇二神展开了搏斗。他们厮打得山呼林暗、百鸟惊飞。只见黑、黄、红3个光团，绞在一起，时而卷上山头，时而滚进林中，难解难分，胜负难料。

眼看一个时辰过去了，小伙子已遍体鳞伤，虎、蛇二神也是伤痕累累，小伙子渐渐体力不支，虎、蛇却困兽犹斗。他忽然灵机一动，心生一计，只见他退到悬崖边，猛然倒地，把虎、蛇晃下了悬崖。

结果，蛇神撞死在大树上，变成了一根又粗又黑的长藤；虎神碰死在山脚下，变成了一块又硬又脏的卧牛石，小伙子累昏过去了。不知过了多久，他听到有人呼唤他："好勇敢的小伙子，快回家去救治你的老母亲吧，可要记住，药不能多吃呀！"

小伙子醒了，只见一位姑娘坐在身旁，已经为他治好了伤。

姑娘长得明眸皓齿，长发黑亮柔软，肌肤洁净，腰身俊秀，红唇含笑，原来她就是美丽善良的"棒槌"姑娘。见小伙子醒了，姑娘扬起手臂，"棒槌"便飞落到他手里了，姑娘如云似雾地飘进了林海……

小伙子到家后，匆忙间忘记了棒槌姑娘的后半句话，老妈妈喝多了"棒槌"汤，很快就变成了杨树。他痛苦至极，痛不欲生，便喝下了剩下的棒槌汤，自己也变成了四季常青的红松树。

后来，说也奇怪，红松树越长越多，漫山遍野，就成了浩瀚的红松林海。

这种红松是名贵而又稀有的树种，在地球上只分布在我国东北的长白山至小兴安岭一带。红松是黑龙江伊春境内小兴安岭、长白山林区天然林中主要的森林组成树种，也是东北的主要造林绿化树种之一。全世界一半以上的红松资源分布在这里，因此，伊春被誉为"红松故乡"。

红松的垂直分布地带在长白山林区，一般多在海拔500米至1200米间，在完达山和张广才岭林区，一般分布在500米至900米之间，在小兴安岭，一般分布在300米至600米之间。

红松是像化石一样珍贵而古老的树种，天然红松林是经过几亿年的更替演化形成的，被称为"第三纪森林"。

红松自然分布区，大致与长白山、小兴安岭山系所蔓延的范围相一致。其北界在小兴安岭的北坡，南界在辽宁宽甸，东界在黑龙江饶河，西界在辽宁本溪。

红松针阔叶混交林是东北湿润地区最有代表性的植被类型，自然保护区不仅完整地保存了珍贵的红松资源，同时也成为一座天然博物馆和物种基因库，为生物工作者研究红松为主的针阔叶混交林的生态、群落的变化、发展和演替规律，提供了良好的条件。红松自然分布区对研究古地理、古气候及植物区系具有一定的科研价值。

红松材质较好，能保持山地水土，是比较重要的种质资源。红松是著名的珍贵经济树木，树干粗壮，树高入云，挺拔顺直，是天然的栋梁之材。红松材质轻软，结构细腻，纹理密直通达，形色美观又不容易变形，并且耐腐朽力强，所以是建筑、桥梁、枕木、家具制作的上等木料。

红松的枝丫、树皮、树根也可用来制造纸浆和纤维板。从松根、松叶、松脂中还能提取松节油、松针油、松香等工业原料。

松子是红松树的果实，又称海松子。松子含脂肪、蛋白质、碳水化合物等。松子性平，味甘，具有补肾益气、养血润肠、滑肠通便、润肺止咳等作用。久食可健身心，滋润皮肤，延年益寿。明朝李时珍对松子的药用曾给予很高的评价，他在《本草纲目》中写道：

海松子，释名新罗松子，气味甘小无毒；主治骨节风、头眩、去死肌、变白、散水气、润五脏、逐风痹寒气，虚羸少气补不足，肥五脏，散诸风、湿肠胃，久服身轻，延年不老。

松子既可食用，又可做糖果、糕点辅料，还可提炼植物油。松子油，除可食用外，还是干漆、皮革工业的重要原料。另外，松子皮可制造染料、活性炭等。

红松树干粗壮，树高入云，伟岸挺拔，是天然的栋梁之材，在古代的楼宇宫殿等著名建筑中都起到了脊梁的作用。

红松生长缓慢，树龄很长，400年的红松正为壮年，一般红松可活六七百年。红松不畏严寒，四季常青，是长寿的象征。

红松原始森林是小兴安岭生态系统的顶级群落，生态价值极其珍贵，它维护着小兴安岭的生态平衡，也维护着以小兴安岭为生态屏障的东北地区的生态安全。清代《黑龙江志》，曾有对小兴安岭红松原始森林的记载："参天巨木、郁郁苍苍、枝干相连、遮天蔽日，绵延三百余里不绝。"

天然红松林作为欧亚大陆北温带最古老、最丰富、最多样的森林生态系统，是植物界的活化石，是联合国确定的珍稀保护树种，已被我国列为二级重点保护野生植物。

为了保护这一世界濒危珍稀树种，有关部门已经做出了全面停止采伐天然红松林的决定，并对现存的红松逐棵登记，通过认领红松、举办保护红松国际研讨会和东北亚生态论坛等活动，初步形成了由单一树种到多树种、由植物到动物、由点状到全面的保护体系。

梅花山国家森林公园坐落在小兴安岭腹部，伊春东28千米处。公园占地78.15平方千米，有森林59平方千米，草地6.6平方千米，河流4.6平方千米。最高峰海拔1000多米。

这里生长着著名的原始红松林。红松原始林四季常青，古树参天，苍翠挺拔，空气清新，令人陶醉。这里的红松林仍然保留着原始森林的自然风貌，一棵棵粗大的红松树参天矗立，树冠相簇连络。

红松不愧为天质非凡，它昂首伫立山间的树干浑圆敦实，真像北方的汉子一般的刚毅。它是森林里高耸的巨无霸，居高临下，冷傲威严；仔细审视又有通体飘逸，秀美挺拔柔韧的一面。

这里红松的树龄一般都有三五百年，树高至少都三四十米，树径也都有百十厘米，很多粗到无法环抱。一片红松林就是一座天然大氧吧，徜徉在绿色林海里，观赏着绿色美景，呼吸着含有负氧离子的清新空气时，感觉呼吸顺畅、心情怡然。

夏天，林地上铺着厚厚的一层暗红色的松针，松针上面覆盖着一层绿茸茸的牛毛小草，踏上去，软绵绵的，就像踩着一条彩色的大地毡。

红松开花传粉时节，走进大森林就会被飘香的红松花粉所迷醉。空气中弥漫着红松的香气，耳间的沙沙声是红松的召唤，一阵风吹过，红松在向人们展开温暖的怀抱。

秋天，树冠上结满像菠萝似的大松塔，厚重油亮，芳香浓郁，这里成了天然的种子园。满山遍野的红松林，俯视一片绿，横看一片红。

笔直而光滑的树身如红漆涂抹般鲜艳，远远望去好像无垠的海洋，山风吹来，树顶彩冠与树身红衣相映成趣，构成斑斓的自然画卷。

冬天，阔叶的树木早已凋零，只有红松依然保持绿色。红松林中的积雪厚达一米，白雪覆盖着的红松林，像漫山美丽的圣诞树一样。澄净的天空、壮观的大冰凌、雾凇、树挂等冬季神奇景色，让人心神俱醉。

此外，森林公园还有白松林苍郁挺拔，直刺云端；白桦林白干、黑节、红枝、绿叶，如同一幅靓丽的画卷；混交林柞树、杨树、曲柳树参差不齐，榆树、椴树、楸子树粗细相间；人工林郁郁葱葱，是巧夺天工的风景线。

公园里春来山花烂漫，鸟语花香，滔滔林海新芽吐绿，萋萋芳草生机无限。

浩荡的春风吹过，松涛阵阵，林子里到处是婉转的鸟鸣，参天巨木、郁郁苍苍、枝干相连、遮天蔽日，绵延三百余里不绝。

夏到参天大树遮云蔽日，灌木丛生绿叶成荫，听泉水叮咚不见泉涌，闻溪水潺潺难觅水踪，无论是荡舟漂流，还是森林沐浴，都会带给人浸人心脾的凉爽。

秋至满山红叶，尽染层林，野果香飘四溢，令人心醉神迷兴趣盎然。冬时，皑皑雪原与滔滔林海相伴，苍翠的青松同洁白的雪花为伍。总之，森林公园内四时景色迷人，令人流连忘返。身临其境，宛如仙境一般。从喧闹的城市来到梅花山原始森林中，会找到返璞归真、回归自然的感觉！

一边欣赏红松原始林的风貌，一边大口大口呼吸原始林中的木香、花香和草香，体会梅花山原始、自然和健康的魅力，顿觉舒畅、轻松和愉快！

延 伸 阅 读

由于我国北方气候寒冷，树木每年只能在100多天的无霜期里复苏，扩张一次生命的年轮缓慢得几乎让人感觉不到它在变粗。像红松这样优等的树木每年增加一道年轮，而树干的直径只不过增加了一两毫米。如此推算，一棵双臂能够合拢过来的松树，至少也要经过300多年的漫长历程。

长白山原始森林

　　长白山森林位于吉林省东南部，是国家4A级风景区。闻名中外的美景，一望无际的林海，以及栖息其间的珍禽异兽，使它于1980年列入联合国国际生物圈保护区。

　　长白山具有原始、天工、神奇、博大、富饶的特点，是地球同纬度地带自然状态保存最好，生物多样性最丰富的地区之一。长白山的原始森林最典型的要属地下森林，其为火口森林，谷底南北长约3千米，古松参天、巨石错落，是长白山海拔最低的风

景区，位于二道白河岸边，距长白山高山冰场东约5千米，在洞天瀑北侧。

沿着略加整饰的原始林中的小路，走入密林深处，踏着厚实的苔藓，翻过横在面前的倒木，穿过剑门，即可看到整个谷底森林了。在此可饱览原始森林风光，领略、感受大自然古朴清新的气息。

由于造山运动，或火山活动，造成大面积地层下塌，形成巨大的山谷，使整片整片的森林沉入谷底。谷壁高50米至60米，谷底长2500米至3000米。激流在谷底呼号咆哮，倒木横在乱石丛中，不时传来怪鸟的鸣叫……这里是一幅原始森林深处的图画。

谷底古树参天，树分三层，巨石错落有致，置身于谷底深处，仿佛在绿色海洋中畅游。

长白山森林最独特的自然景观是红松阔叶混交林。在这茂密的红松阔叶混交林带的下部生长着许多珍稀的植物，其中最著名的是有"美人松"之称的"长白松"。

长白松属于长绿乔木，一般高25米至30米，直径0.25米至0.4米。树皮下部呈淡黄褐色或暗灰褐色，深龟裂，裂成不规则的长方形鳞片。树皮中上部呈淡褐黄色或金黄色，裂成薄鳞片状，鳞片剥离并微反曲。

长白松的树冠呈椭圆形、扁卵状三角形或伞形等。针叶两针束，叶长4厘米至9厘米，粗硬，稍扭曲。叶宽1毫米至1.2毫米，边缘有细锯齿，两面有气孔线，树脂道4个至8个，边生，稀1个至2个中生，基部有宿存的叶鞘。

长白松的冬芽呈卵圆形，有树脂，芽鳞红褐色。一年生枝浅褐绿色或淡黄褐色，无毛，3年生枝灰褐色。

长白松的雌球花呈暗紫红色，幼果淡褐色，有梗，下垂。花期5月下旬至6月上旬，球果在第二年8月中旬成熟，结实间隔期三五年。

长白松球果锥状卵圆形，长四五厘米，直径3厘米至4.5厘米，成熟时淡褐灰色；鳞盾多少隆起，鳞脐突起，具短刺；种子长卵圆形或倒卵圆形，微扁，灰褐色至灰黑色，种翅有关节，长1.5厘米至2厘米。

长白松分布地区的气候温凉，湿度较大，积雪时间长。年平均温4.4℃，年降水量600毫米至1340毫米。长白松适合生存在火山灰土上的山地，一般是暗棕色森林土及山地棕色针叶森林土，这样腐殖质含量少，保水性能低而透水性能强。

长白松为阳性树种，根系深长，可耐一定干旱，在海拔较低的地带常组成小块纯林，在海拔1300米以上常与红松、红皮云杉、长白鱼鳞云杉、臭冷杉、黄花落叶松等树种组成混交林。

长白松天然分布区域很狭窄，只存在于吉林省的长白山区，在其他地区只存在着小片纯林及散生林木。至于长白松的由来，在长白山还流传着这样一个故事。

传说很早以前，长白山下有一位姓张的老头，他收养了一个孤儿，起名松女，父女俩相依为命，艰难度日。松女19岁那年，从黑熊掌中救出了一个叫袁阳的小伙子，从此两人相爱了。

但是，此地有个山盗看中了松女的美貌，想将松女霸为己

有。他恃强凌弱，先后害死了松女的爷爷和松女挚爱着的袁阳。满腔仇恨的松女在深山里和山盗们展开了一场生死搏斗，最后松女终于战胜了山盗，但她也已遍体是伤。

松女爬到自己家乡的白河岸边，便咽下了最后一口气。

悲伤的乡亲们把松女葬在了白河边，说来也奇怪，后来就在安葬松女的地方长出了许多长白松，因为它秀美颀长，

婀娜多姿，像一个个亭亭玉立、浓妆淡抹的美女，人们便叫它"美人松"。

还有一个传说，说是在很久以前，有一个黑风妖，霸占了白河这块风光如画的宝地，黎民百姓惨遭蹂躏，鸟兽横遭灾殃。

长白山的山神之女，美丽勇敢的绿珠姑娘，为了拯救众生，挺身而出，挥舞寒冰剑与妖怪在长白山大战了几百回合。一时间山摇地动，雷鸣电闪，飞沙走石，日月无光，只见一团团白光在黑风狂沙中滚动。

战斗了三天三夜，绿珠姑娘终于用寒冰剑重创了妖怪，并把它押在长白山上的绝壁之下，用镇妖石镇住了。这个地方就是后来长白山的黑风口。在这里，后来还能听到黑风妖呜呜地吼叫声，令人不寒而栗。在白河地面，妖孽所吐的黑土厚有数米，绵延了几万平方米。

绿珠姑娘降住了妖孽，但是她的左肩也被抓出了5个血洞。她的一滴滴鲜血滴落到地面，后来就化成了一棵棵像绿珠姑娘一般美丽、挺拔的美人松。

绿珠姑娘的伤好后，她被玉帝召到了天庭，专管人间的森林和花草。她每年都要在春暖花开的季节到白河边巡护一次，为美人松喷洒甘露，梳妆打扮，并不辞辛劳地装饰着白河大地，呵护着善良人们的幸福平安。

或许是绿珠姑娘呵护的原因，长白松生得主干高大，挺拔笔直，侧生枝条全都集中在树干的顶部，形成了绮丽、开阔、优美的树冠。而那些左右伸出的修长枝条既苍劲而又妩媚，在微风吹拂之下，轻轻摇曳，仿佛在向人招手致意。

长白松的枝干也特别美丽，它的上部金黄色，下部棕黄色，

如果在严冬大雪纷纷之后，映衬着白雪皑皑的大地，红装素裹，别有一番风趣，因此当地人给它起了一个动人的名字，那就是"美人松"。

美人松在莽莽林海中显得亭亭玉立，多姿多彩。美人松一群群、一片片散落在长白山，如同一个个身材秀逸的窈窕淑女，展臂伸肢，翩翩起舞。它就像泰山顶上的迎客松，迎风招展，广迎天下朋友。

　　人们对美人松的说法不一，有的认为它火爆，树身青筋暴骨，像开裂一般，而且呈紫红色，就像一幅人体素描一样。这种火爆的性格，无遮无掩，向人间袒露着一片真诚，深得人们喜爱。

　　长白松生长在我国的长白山区，它的发现曾引起植物学界的极大震动。根据它的叶、花、果实和树皮，有的专家认为它最像樟子松，是樟子松的变种，有的认为它最像欧洲赤松。

　　经过研究，普遍认为长白松是欧洲赤松在我国分布的一个地理变种。

　　后来，"美人松"被正式命名为"长白松"，它便跻身于我国珍稀植物的行列之中。它的发现不仅给长白山特有的植物家族增添了一名优秀的成员，而且对研究这一地区的植物区系提供了一份"活资料"。

　　长白松属于渐危物种，由于未严加保护，有些小片纯林，已经逐年遭到破坏，分布区域日益减少。

为此，有关部门在长白松分布地区划分了保护区，并把长白松列为重点保护树种，加强天然更新，提高母树结实率，采取采种、育苗，扩大其造林面积。在哈尔滨、白城、沈阳等地，都进行了引种栽培，长势非常良好。

在高龄长白松主要分布的长白山等国家公园处，对每一棵长白松进行了档案登记和专门管理。各种基础设施、游乐设施都以保护树木为首位，不准借用各种名义进行损坏，明确违反者要承担相应法律责任。

对保护区的幼树加强了保护，在保护区以外大力发展种植幼树，同时规定成材大树不得随意砍伐，为长白松的生长营造了良好的环境。

延 伸 阅 读

传说在从前，有一条恶龙霸占了长白山，天池的水不能流出来灌溉良田，人们受尽了干旱的折磨。有一个木匠不怕恶龙淫威，他拿着斧子跳入天池，和恶龙展开了搏斗，木匠的妻子抱着水缸在山上等候。经过三天三夜搏斗，恶龙被木匠砍下了头，天池的水又重新流了出来，人们终于得救了，可是木匠再也没有力气上岸了。

木匠年轻美丽的妻子不相信他会死去，一直守候在山头，期待着丈夫归来。天长日久，她渐渐变成了一棵美丽的松树，人们就叫她长白松。

神农架原始森林

  神农架原始森林位于湖北省西部边陲，东与湖北省保康县接壤，西与重庆市巫山县毗邻，南依兴山、巴东而濒三峡，北倚房县、竹山且近武当，辖一个国家级森林及野生动物类型自然保护区和一个国家湿地公园。

  神农架原始森林总面积达3253平方千米，活立木蓄积量达2019万立方米，境内森林覆盖率88%，保护区内达96%。

  神农架最高峰神农顶海拔3105.4米，被称为"华中第一峰"，最低处石柱河海拔398米，平方海拔1700米，3000米以上山峰有6座，海拔2500米以上的山峰有20多座，被誉为"华中屋

脊"。神农架山高谷深，水系深长，人迹罕至，长期处于原生态状态，至今较好地保存着原始森林的特有风貌。

从地理位置来看，神农架是长江和汉水的分水岭，属北亚热带季风区；从地势地形来看，神农架林区山连山、岭连岭，地势落差大，树林高大繁茂，山顶处还有无数人类无法攀援的洞穴，地形极其复杂，森林植被茂密、山高谷深，存在着多处人烟罕至的悬崖峭壁和密林。

神农架林区茫茫的林海，完好的原始生态系统，丰富的生物多样性，宜人的气候条件，原始独特的内陆高山文化，共同构成了绚丽多彩的山水画卷。也使神农架享有了"绿色明珠""天然动植物园""生物避难所""物种基因库"等众多美誉。在地球生态环境日益遭到破坏、环境污染日趋严重的今天，神农架正以其原始完美的生态环境而引起世人瞩目，成为当今世界人与自然和谐共存的净土与乐园。

由于一年四季受到湿热的东南季风和干冷的大陆高压的交替

影响，以及高山森林对热量、降水的调节，形成夏无酷热、冬无严寒的宜人气候。当南方城市夏季普遍是高温时，神农架却是一片清凉世界。

神农架地处中纬度北亚热带季风区，受大气环流控制，气温偏凉且多雨，并随海拔的升高形成低山、中山、亚高山三个气候带。年降水量也由低到高依次分布，故立体气候十分明显，"山脚盛夏山顶春，山麓艳秋山顶冰，赤橙黄绿看不够，春夏秋冬最难分"是林区气候的真实写照。

神农架拥有当今世界北半球中纬度内陆地区唯一保存完好的亚热带森林生态系统，保留了珙桐、鹅掌楸、连香等大量珍贵古老孑遗植物。神农架成为世界同纬度地区的一块绿色宝地，对于森林生态学研究具有全球性意义。

独特的地理环境和立体小气候，使神农架成为我国南北植物种类的过渡区域和众多动物繁衍生息的交叉地带。神农架植物丰富，主要有菌类、地衣类、蕨类、裸子植物和被子植物等；各类动物主要包括兽类、鸟类、两栖类、爬行类及鱼类等。

神农架是我国内陆唯一保存完好的一片绿洲，动植物区系成分丰富多彩，古老、特有而且珍稀。苍劲挺拔的冷杉、古朴郁香的岩柏、雍容华贵的杪椤、风度翩翩的珙桐、独占一方的铁坚杉，枝繁叶茂，遮天蔽日。

珙桐为落叶大乔木，高可达20米。树皮呈不规则薄片脱落。单叶互生，在短枝上簇生，叶纸质，宽卵形或近心形，先端渐尖，基部心形，边缘粗锯齿，叶柄长四五厘米，花杂性，由多数雄花和一朵两性花组成顶生头状花序。

花序下有两片白色总苞，纸质，椭圆状卵形，长8厘米至15厘米，中部以下有锯齿，核果紫绿色，花期四五月，果熟期10月。

珙桐的花呈紫红色，由多数雄花与一朵两性花组成顶生的头状花序，宛如一个长着眼睛和嘴巴的鸽子脑袋，花序基部两片大而洁白的总苞，则像是白鸽的一对翅膀，黄绿色的柱头像鸽子的嘴喙。

当珙桐花开时，张张白色的总苞在绿叶中浮动，犹如千万只白鸽栖息在树梢枝头，振翅欲飞，并有象征和平的含意。

珙桐喜欢生长在海拔700米至1600米的深山云雾中，要求较大的空气湿度。它也喜欢生长在海拔1800米至2200米的山地林中，多生于空气阴湿处，喜中性或微酸性腐殖质深厚的土壤，在干燥多风、日光直射之处生长不良，不耐瘠薄，不耐干旱。

珙桐的幼苗生长缓慢，喜欢阴湿，而成年树则比较喜光。

珙桐分布在我国云贵高原北缘，横断山脉，秦巴山地及长江中游的中山地带。从地貌上看，多为丘陵，中山和高山峡谷地

带。由于它们在水平及垂直分布上幅度较大，因此分布区的环境条件的差异也较大。

珙桐分布区的气候为凉爽湿润型，湿潮多雨，夏凉冬季较温和，年平均气温8.9℃至15℃，年降水量600毫米至2600.9毫米。分布区的土壤多为山地黄壤和山地黄棕壤，土层较厚，多为含有大量砾石碎片的坡积物，基岩为砂岩、板岩和页岩。

珙桐多分布在深切割的山间溪沟两侧，山坡沟谷地段，山势非常陡峻，坡度约在30°以上。

珙桐可用播种、扦插及压条繁殖。播种于10月采收新鲜果实，层积处理后，将种子用清水洗净拌上草木灰或石灰，随即播在三五厘米深的沟内。

珙桐有"植物活化石"之称，是国家一级重点保护植物中的珍品，为我国独有的珍稀名贵植物，因其花形酷似展翅飞翔的白鸽而被命名为"鸽子树"。

关于这个名字在当地还有一个美丽的传说呢！

在2000多年前，我国汉朝有一位皇帝名叫刘奭，公元前33年，他把宫女王昭君，许给了南匈奴呼韩邪单于。

昭君出塞远嫁，就要从京城长安上路了。她坐在窗前，正在想念香溪的父老乡亲，忽然窗外白光一闪，飞进一只雪白的鸽子，轻轻落在昭君身边。

昭君一看，原来是自己在家时喂养的那只小白鸽"知音"。她高兴极了，连忙捧在手里问道："知音，你怎么找到这里来了，我可真想念你啊！"

知音说："姑娘，我也一直想念你。听说你要出塞去和亲，我飞了七天七夜，赶来与你同去，你答应吗？"

昭君一笑，微微点头。小白鸽知音就地一滚，化作一支小巧玲珑的白玉簪，昭君把它斜插在发髻上。

昭君到了匈奴，被封为宁胡阏氏，做了匈奴的王妃。一晃3年过去了，昭君生了一儿一女，生活得很幸福。

她还教给匈奴人编织刺绣、琴棋书画，深得大家敬重。昭君常常思念家乡，每天早晨要向南祝祷；逢年过节，要朝南三拜。

有一天夜里，昭君做了个梦，回到了故乡兴山宝坪，也就是湖北省秭归。她打水的楠木井，还是那样清清亮亮；她梳洗的梳妆台，还是那样清爽雅致；西荒垭的灯还是那样明；纱帽山的树还是那样青；只是爹娘头上的白发增多了，脸上的皱纹加深了。

昭君一觉醒来，思乡之情深切，就写了一封平安家信。可是交通不便，关山隔阻，这封信怎么送回去呢！

这时，白鸽知音说话了："我给你把信送回去吧！"

昭君一听，真是高兴极了，只是感到山高路远，阴晴多变，知音身单力弱，能受得了吗！

她虽然没有说出来，知音已经了解了她的心思，就说："你放心吧，我带领我的子孙一起飞，一定把你的平安家信带给宝坪亲人！"

昭君感动得眼含热泪，把家信给知音白鸽系好，又嘱托了一番，才送它们上路了。

一群白鸽，在知音的带领下，向南方飞来，一路上穿云雾，搏风雨，飞过了高山，飞过了大河，终于飞到距神农架不远的化龙山。

这一路，可把白鸽们累坏了，听说快到了昭君的故土了，就成群地落在树上休息。知音看到这番情景，就说："你们在这儿休息吧，我再向东南飞百十里，就从巴东越长江，把昭君的信送给乡亲！"说完，就朝宝坪村飞去。

乡亲父老听说白鸽知音从塞外送回了昭君姑娘的家信，个个喜出望外，东家请，西家接，想留知音在村子里歇息。后来，大家听知音说，它要回去找沿途在树上休息的白鸽，第二天就都赶来看望。

不料树上的鸽子，已经都变成了朵朵白花了。那些在化龙山来不及飞的鸽子也永远留在了树上。

从此以后，人们就把鸽子们停留休息的树称为"鸽子树"，或者"鸽子花树"。

珙桐为我国特有的单属植物，由于各种原因其分布范围正在

日益缩小，有被其他阔叶树种更替的危险。

珙桐为世界著名的珍贵观赏树，常植于池畔、溪旁及疗养所、宾馆、展览馆附近，具有和平的象征意义。材质沉重，是建筑的上等用材，又是制作细木雕刻、名贵家具的优质木材。

我国已建珙桐自然保护区，并制订了具体的保护管理措施，积极开展引种栽培和繁殖试验，进行人工造林，扩大其分布区。

在神农架的诸多树种中，最夺人眼球的当属巍然屹立在小当阳的"千年杉王"铁坚杉。这株铁坚杉巍峨挺拔，昂首云天，枝叶繁茂，葱茏劲秀。主干坚似青铜，叩之铮铮有声，树身苔痕斑驳，像古青铜器上的翠锈，凝着岁月的风霜。古杉如擎天一柱，虬枝蟠云，展目逶迤群峰，俯瞰幽谷山涧。杜甫的名句："苍皮溜雨四十围，黛色参天二千尺"，正是它最好的写照。

铁坚杉又称铁油杉、牛屋杉、大卫油杉，松科、油杉属裸子植物，常绿大乔木，高达40米，胸径达2.5米；树甲皮粗糙，暗深灰色，深纵裂；老枝粗，平展或斜展，树冠广圆形。一年生铁坚杉的树枝有毛或无毛，淡黄灰色、淡黄色或淡灰色；二、三年生枝呈灰色或淡褐色，常有裂纹或裂成薄片；冬芽卵圆形，先端微尖。

铁坚杉的叶为条形，在侧枝上排列成两列，长2厘米至5厘米，宽3毫米至4毫米，先端圆钝或微凹，基部渐一窄成短柄，上面光绿色，无气孔线或中上部有极少的气孔线，下面淡绿色，沿中脉两侧各有气孔线10条至16条，微有白粉，横切面上面有一层不连续排列的皮下层细胞，两端边缘二层，下面两侧边缘及中部一层；幼树或萌生枝有密毛，叶较长，长达5厘米，宽约5毫米，先端有刺状尖头，稀果枝之叶亦有刺状尖头。

铁坚杉的球果呈圆柱形，长8厘米至21厘米，直径为3.5厘米至6厘米；中部的种鳞卵形或近斜方状卵形，长2.6厘米至3.2厘米，宽2.2厘米至2.8厘米，上部圆或窄长而反曲，边缘向外反曲，有微小的细齿，鳞背露出部分无毛或疏生短毛；鳞苞上部近圆形，先端三裂，中裂窄，渐尖，侧裂圆而有明显的钝尖头，边缘有细缺齿，鳞苞中部窄短，下部稍宽；种翅中下部或近中部较宽，上部渐窄；子叶通常3枚至4枚，但2枚至3枚连合，子叶柄长约4毫米，淡红色；初生叶7枚至10枚，鳞形，近革质，长约2毫米，淡红色。花期4月，种子10月成熟。

神农架的这株铁坚杉，经考证，树龄在1000年以上，它历经宋、辽、西夏、元、明、清、民国等朝代，只看它身上扭曲的枝桠、累累伤痕，就不难知道它历尽了多少霜雪风雨，刀火雷电！

据传在很久以前，有一个山霸，听风水先生说这株古杉乃是采天地之灵气、吸日月这精华长成，如果用它用作棺椁，便可骨肉不朽、栩栩如生。他便企图独霸此树，砍来当棺材睡。

当地群众知道后，偷偷把铁钉钉在树上，山霸虽有钢锯利

斧，却只能气得干瞪眼，最后只能不了了之。

古人为了纪念神农，求福免灾，曾经在古杉的基部雷伤处，略加修凿，供奉神农泥塑金像。一时间，香火鼎盛，络绎不绝。随着时间的流逝，铁坚杉伤口愈合，人们惊异的发现，神农塑像竟被大树裹在肚里。

这株铁坚油杉，高达36米，胸径2.38米，胸围7.5米，材积达88立方米，六人合抱还围不过来。前来观赏游玩的人，不仅能欣赏到它那古色古香的雄姿，领略到它的凛然正气，而且可以从中吸取力量，受到鼓舞，增强战胜困难的信心和勇气。

油杉属植物的木质十分细致，坚实而耐用，硬度适中，含有少量树脂，干后不开裂，耐水湿，抗腐蚀性能较强，供建筑、制家具及工业原料之用。油杉的树冠在少壮时呈塔形，到老年，则呈半圆形，其枝条开展，叶色常青，树形美丽壮观，因此，可作为山地风景林的营造树种以及公园、庭园的观赏树木。

在神农架，还生长着一种十分珍贵的药材，名叫头顶一颗珠，属国家重点保护的种类。头顶一颗珠还别称延龄草，属百合科，多年生草本植物。匍匐茎圆柱形，下面生有多数须根。茎单一，叶三片，轮生于顶端，菱状卵形，先端锐尖。

夏季，自叶轮中抽生一短柄，顶生一朵小黄花。到了秋季，小黄花便结出一粒豌豆大小的深红色球形果实，这就是有名的头顶一颗珠。

此珠人们通常称之"天珠"，地下生长的坨坨又称"地珠"。所以，延龄草实际上是首尾都成珠，只是"天珠"在成熟后自然掉落，人们不容易找到，只能挖到"地珠"，地珠的药性与天珠一样。

采药人很难得到天珠，因为天珠不仅甜美可口，营养丰富，而且是鸟雀的美食。头顶一颗珠具有活血、镇痛、止血、消肿、除风湿等功能，是治疗头晕、头痛、神经衰弱、高血压、脑震荡后遗症等疾病的珍贵中药材。

独特的地理环境和立体小气候，使神农架成为我国南北植物种类的过渡区域和众多动物繁衍生息的交叉地带，是我国古老、珍稀、濒危和特有的生物物种的集聚

地。这里拥有各类植物3700多种，其中有40多种受到国家重点保护。国家一级保护植物有被称为"中国鸽子树"的珙桐；二级保护植物有光叶珙桐、连香树、水青树、香果等16种；三级保护植物有秦岭冷杉等23种。还有头顶一颗珠、江边一碗水、七叶一枝花、文王一支笔等珍稀植物。

神农架林区高山深壑，莽莽林海，芳草菲菲，幽幽的静谧中伴着几许原始的神秘，幻景一般，一切都似浑然天成。

神农架是我国内陆保存最完好的一片绿洲和世界中纬度地区唯一的一块绿色宝地。拥有当今世界中纬度地区唯一保持完好的亚热带森林生态系统，是最富特色的垄断性的世界级旅游资源，神农架难解的自然之秘和葱郁绮丽的生物世界，铸就了它令人难以抗拒的魅力。它保存完好的生态，珍稀濒危的动植物物种，优美的大自然风光，众多的神秘传闻以及古朴的民风民俗已逐渐凝固成人们对它深情的向往和无比的眷恋。

延 伸 阅 读

神农架良好的生态环境也为各种动物提供了广阔的生存空间。据统计，神农架现有各类动物1060余种，其中两栖类33种，爬行类40种，兽类76种，鱼类47种，鸟类308种，昆虫560种。其中金丝猴、华南虎、金钱豹、白鹳、白蛇、大鸨等67种珍稀野生动物受国家重点保护。

西双版纳热带雨林

西双版纳热带雨林位于云南省南部西双版纳傣族自治州景洪市、勐腊县、勐海县境内，总面积2854.21平方千米，它的热带雨林、南亚热带常绿阔叶林、珍稀动植物种群，以及整个森林生态都是无价之宝，是世界上唯一保存完好、连片大面积的热带森林。

西双版纳热带雨林地处热带北部边缘，横断山脉南端。受印度洋、太平洋季风气候影响，形成具有大陆性气候和海洋性气候兼优的热带雨林。热带雨林是一部尚未被人类完全读懂的"天书"，是一个丰富多彩的"植物王国"。

这里森林植物种类繁多，板状根发育显著，木质藤本丰富，绞杀植物普遍，老茎生花现象较为突出。西双版纳热带雨林地域有8个植被类型，高等植物有3500多种，约占全国

高等植物的八分之一。其中被列为国家重点保护的珍稀、濒危植物有58种，占全国保护植物的15%。内用材树种816种，竹子和编织藤类25种，油料植物136种，芳香植物62种，鞣料植物39种，树脂、树胶类32种，纤维植物90多种，野生水果、花卉134种，药用植物782种。

西双版纳热带雨林是我国热带植物集中的遗传基因库之一，也是我国热带宝地中的珍宝。这里尚有近千种植物尚未被人们认识，植物物种之多实属罕见。如树蕨、鸡毛松、天料木等已有100多万年历史，称为植物的"活化石"；特有植物153种，如细蕊木莲、望天树、琴叶风吹楠等；稀有植物134种，如铁力木、紫薇、檀木等；人工栽培的高等植物有100余种，如野稻、野荔枝、红砂仁等。

这里还有一日三变的变色花、听音乐而动的"跳舞草"、能

使酸味变甜味的"神秘果"。除了作为经济支柱产业的橡胶、茶叶之外，还有中草药植物920多种，新引进国外药用植物20多种，如龙血树、萝芙木等。

森林巨人望天树以及被称为"毒木之王"的箭毒木，是热带雨林最有说服力的佐证。"不看望天树，白到版纳来。"既然望天树是热带雨林的象征，到西双版纳当然要看望天树了，难怪云南生态专家推荐望天树为考察的第一目标。

西双版纳的望天树主要分布在勐腊自然保护区，分布面积约100平方千米，分布地域狭窄，数量稀少，为国家一级保护植物。望天树是典型的热带树种，对环境要求极为严格。因其种子较大，在自然条件下，有的尚未脱离母体就已萌芽，影响了种子向远处传播，影响了传宗接代，大约需要2000粒种子才有一株能长成大树。

望天树高可达六七十米，最高的达80多米，是名副其实的热带雨林巨人。望天树的特点是树干高大笔直，挺拔参天，有"欲与天公试比高"之势。其青枝绿叶聚集于树的顶端，形如一把把撑开的绿色巨伞，高出其他林层20米，只见其高高在上，自成林层，遮天盖地，因此人们又把望天树称为"林上林"。

箭毒木，又名加独树、剪刀树、鬼树等，桑科见血封喉属常绿大乔木。树干粗壮通直，高大雄健，可达25米至30米之高，树皮呈灰色，具泡沫状凸起。

箭毒木树冠庞大，枝叶四季常青，小枝幼时被粗长毛。茎干基部具有从树干各侧向四周生长的高大板根系。根系发达，抗风能力较强。

箭毒木的叶互生二列呈长圆形或长圆状椭圆形，长9厘米至19厘米，宽4厘米至6厘米。叶先端短渐尖，基部呈圆形或浅心形，

不对称，全缘或具粗齿。上面亮绿色，疏生长粗毛，下面幼时密被长粗毛，侧脉10对至13对。叶柄长6毫米至8毫米，被有粗毛。

箭毒木于春夏之际开花，花黄色，单性，雌雄同棵。雌花单生于具鳞片的梨形花序托内，无花被，子房与花序托合生，花柱2裂。

雄花密集于叶腋，生于一肉质、盘状、有短柄的花序托

上，呈序头状。花序托为覆瓦状顶端内曲的苞片所围绕，花被片和雄蕊均为4，花药具紫色斑点。

箭毒木果期为秋季。其果肉质，梨形，呈紫黑色，成熟时呈鲜红至紫红色，长约1.8厘米。这种果实味道极苦，含有毒素，不能食用。

箭毒木的干、枝和叶子中均含有一种白色浆汁，这种汁液奇毒无比，见血就要命，是自然界中毒性最大的一种乔木，因此有"毒木之王""林中毒王"之称。

经分析化验，发现箭毒木的汁液中含有弩箭子甙、铃兰毒甙、铃兰毒醇甙、伊夫单甙、马欧甙，确是剧毒之物，其毒性并非耸人听闻。

箭毒木的白色浆汁毒性极强，其一旦经伤口进入人体，就会引起肌肉松弛、血液凝固、心脏跳动减缓，最终导致心跳停止而死亡，若不慎溅入眼中，眼睛会立即失明。

不仅如此，箭毒木燃烧时，如果烟气熏入眼里，也会引起失明。若人们不小心吃了它，心脏也会麻痹以致停止跳动。动物中毒症状与人相似，中毒后20分钟至2小时内死亡。

过去云南西双版纳的猎人常用箭毒木的浆汁涂在箭头上打

猎，这种箭头一旦射中野兽，野兽很快就会因鲜血凝固而倒毙。

故民谚有："七上八下九不活"，意为被毒箭射中的野兽，在逃窜时若是走上坡路，最多只能跑上七步，走下坡路最多只能跑八步，不管怎样跑第九步时就要毙命。

关于这种树的汁液为何有此剧毒当地还有一个传说。

据说在很久以前，云南西双版纳傣族聚居地区发生过一次罕见的特大洪荒。

一夜之间村寨变成了汪洋，竹楼全被洪水冲垮、淹没，家养的畜禽也不见了踪影。只有爬上高山的人们，才得以保住性命。

洪荒过后，大家推举一个叫洪波的男子为首领，带领大家重建家园。一天，他带领着寨中年轻力壮的小伙子上山伐木，可是这山林中却聚集着77只饿虎，上山之人屡被虎伤，还有不少人葬身虎腹。

为消除虎患，洪波做几张强弓硬弩，并带着寨中善于打猎的人上山打虎。可是，他们不但没猎到饿虎，反而有好多伙伴丧生

虎腹或被饿虎咬伤，洪波本人也被饿虎咬断了手臂。从那以后，人们再也不敢上山伐木，只能挤在石洞里或住在大树上度日。

　　洪波见打虎不成，便找来许多毒草毒药熬成毒汁，然后把他们涂在几头幸存的黄牛身上去毒老虎。然而，那几头黄牛还没进入深山便中毒倒地身亡。

　　于是，洪波决定用自己的身躯去毒杀饿虎。洪波又找来带有剧毒的花草树木，熬制成一葫芦浓浓的毒汁后，带着它上山去毒饿虎。

　　洪波到达饿虎聚集的那座森林后，迅速将毒汁涂在身上，喝到肚里，并放声狂呼来吸引饿虎。结果，食了洪波尸体的77只饿虎，不久纷纷倒地，中毒身亡。虎患从此消除了。

　　洪波被饿虎撕食之地流满了他的毒血，后来，这地方长出了一棵小树。这棵用毒血滋润的小树，最终长成了一棵剧毒无比的树。它就是被称为"毒木之王"的箭毒木，人们也叫它"见血封喉"，西双版纳傣语称之为"埋广"。

　　箭毒木是一种生长在热带雨林里的桑科乔本植物，多分布在热带地区。常生于海拔1000米以下的山地或石灰岩谷地的森林中，其伴生树种主要有龙果、橄榄、高山榕、红鳞蒲桃、榕树、黄桐、蚬木、窄叶翅子树、大叶山楝等。

箭毒木主要分布区域热量丰富，长夏无冬，冬季无寒潮影响或寒潮影响甚微。年平均气温多为21℃至24℃，年降雨量1200毫米至2700毫米，干湿季分明或不太分明，空气湿度较大；年平均相对湿度在80%以上。多生长于花岗岩、页岩、砂岩等酸性基岩和第四纪红土上，土壤为砖红壤或示红壤。

箭毒木可组成季节性雨林上层巨树，常挺拔于主林冠之上。其根系发达，基部具有高大的板根系。

板根是热带雨林中的一些巨树的侧根外向异常次生生长所形成的一些翼状结构，形如板墙，起附加的支撑作用。板根通常辐射生出，以3条至5条为多，而且负重多的一侧板根也较为发达。

箭毒木不仅树干高大粗壮，十分沉重，还是浅根植物，而基部的高大板根系就可以很好地解决其"头重脚轻站不稳"的难题，这也使它的抗风能力也大大增强。风灾频繁的滨海地带，孤立木也不易受风倒，但生长高度往往比较矮。

尽管箭毒木说起来是那样的玄乎、可怕，实际上它也有很多可爱、可用之处。

箭毒木的树皮特别厚，富含细长柔韧的纤维，可以编织麻袋和制绳索。它的材质很轻，可作

纤维原料。经过处理，它的树干还可以作为软木使用。

云南西双版纳的少数民族还常巧妙地利用它制作褥垫、衣服或筒裙。将树皮剥下后，一般要放入水中浸泡一个月左右，再放到清水中边敲打边冲洗，这样做可以除去毒液，脱去胶质。

之后，将其晒干就会得到一块洁白、厚实、柔软的纤维层。用它做的树毯、褥垫舒适耐用，睡上几十年还具有很好的弹性；用它制作的衣服或筒裙既轻柔又保暖，深受当地居民的喜爱。

此外，箭毒木的毒液毒性虽毒，但其成分具有加速心律、增加心血输出量的作用，在医药学上有研究价值和开发价值。

人们可以从其树皮、枝条、乳汁和种子中提取强心剂和催吐剂，这种植物在治疗高血压、心脏病等方面有独特的疗效。

箭毒木是组成我国热带季节性雨林的主要树种之一，为了保护箭毒木在内的热带雨林资源而建立的西双版纳热带雨林保护基金会，已经在西双版纳生态州建设、环境改善及热带雨林保护与恢复中发挥着积极的作用。

此外，林业部门也对各地发现的箭毒木古树建档管理并将其列为保护对象，以此来提高人民的保护意识，从而更好地保护这些珍稀资源。

西双版纳雨林是一个神奇的地方，在这近2万平方千米的土地上，既云集了5000多种热带动植物，也生长着大象、绿孔雀、长臂猿、野牛等珍禽异兽。这些都是大自然在西双版纳上精心绘制的美丽画卷，可以让人们完全领略到热带风情。

步入西双版纳雨林，映入眼帘的便是具有热带地区特色的植物：错落而有序的椰树，油棕、蒲葵、鱼尾葵、槟榔，巨大的树叶随风飘荡，密密匝匝的森林遮天蔽日。许多不同的树干和藤萝上挂满了形形色色、琳琅满目的小型植物，花季时树上繁花似锦、五彩缤纷，犹如一个空中花园。

延 伸 阅 读

相传，很久以前，在云南省西双版纳有一位勇敢的傣族猎人。一天，猎人和伙伴们外出打猎时，遇上了一只猛虎。机敏的猎人爬上了一棵大树，匆忙间折断一根树枝就使劲朝猛虎的嘴扎去。结果，奇迹发生了，老虎立即倒地而死。原来他上的是"见血封喉"树。

荒漠戈壁森林

在干旱少雨的沙漠地带，有一种树能够将根扎进地下10多米，顽强地支撑起一片生命绿洲的树木，这种树就是被称为"沙漠脊梁"的胡杨木。从合抱粗的老树，到不及盈握的细枝，胡杨横逸竖斜，杂芜而立，彰显着荒漠地区一片片不屈的生命。

胡杨，又称胡桐，属杨柳科落叶乔木，成年树一般高达30米，直径可达1.5米。胡杨是一种生命力极顽强的原始树种，被人誉为"抗击沙漠的勇士"。

胡杨铁干虬树，龙盘虎踞，十分壮美，且有层层绿叶，密密

枝条，别有一番风味。

胡杨树皮呈灰褐色，有不规则纵裂沟纹。长枝和幼苗、幼树上的叶呈线状披针形或狭披针形，长5厘米至12厘米，全缘，顶端渐尖，基部楔形；短枝上的叶呈卵状菱形、圆形至肾形，长25厘米，宽3厘米，先端具2对至4对楔形粗齿，基部截形，稀近心形或宽楔形。叶柄长1厘米至3厘米，光滑，稍扁。

胡杨雌雄异株，菱荑花序；苞片菱形，上部常具锯齿，早落；雄花序长1.5厘米至2.5厘米，雄蕊23至27，具梗，花药紫红色；雌花序长3厘米至5厘米，子房具梗、柱头宽阔，紫红色；果穗长6厘米至10厘米。萌果长椭圆形，长10毫米至15毫米，2裂，初被短绒毛，后光滑。花期5月，果期6个月至7个月。

胡杨是亚非荒漠地区典型的潜水超旱生植物，长期适应极端干旱的大陆性气候。其对温度大幅度变化的适应能力很强，喜光，喜土壤湿润，耐大气干旱，耐高温，也较耐寒，适宜生长于

10℃以上积温2000度至4500度之间的暖温带荒漠气候。

胡杨在积温4000度以上的暖温带荒漠河流沿岸、河滩细沙到沙质土上生长最为良好，能够忍耐极端最高温45℃和极端最低温零下40℃的袭击。

胡杨能从根部萌生幼苗，能忍受荒漠中干旱的环境，对盐碱有极强的忍耐力。胡杨的根可以扎到地下10米深处吸收水分，其细胞还有特殊的功能，不受碱水的伤害。

在胡杨的庞大家族中，胡杨是最为特别的一种。杨柳科植物都特别喜欢水，独有胡杨生活在干旱环境中，成为我国沙漠中唯一的乔木。因此，胡杨也算是一种"活化石"。

胡杨生长在极旱的荒漠区，但骨子里却充满了对水的渴望。尽管为了适应干旱环境，它做了许多改变，例如叶革质化、枝上长毛，甚至幼树叶如柳叶，以减少水分的蒸发，因而有"异叶杨"之名。然而，作为一棵大树，它还是需要相应水分维持生存的。因此，在生态型上，它还是中生植物，即介于水生和旱

生的中间类型。

　　它是一类跟着水走的植物，沙漠河流流向哪里，它就跟随到哪里。而沙漠河流的变迁又相当频繁，于是，胡杨在沙漠中就处处留下了曾经驻足的痕迹。

　　在自然选择法则面前，面对干旱，胡杨通过长期适应过程，做了许多改变，呈现了顽强的生命力。其形成了强大的根系，主根系可以深至6米以下，水平根系更延伸至三四十米开外，在更大范围获得延续生命的水源。靠着根系的保障，只要地下水位不低于4米，它就能够生活得很自在。

　　当地下水位跌到6米至9米后，胡杨只能强展欢颜或萎靡不振了。当地下水位再低下去时，它就只能辞别尘世了。所以，在沙漠中只要看到成列的或鲜或干的胡杨，就能判断是否曾经有水流过。

　　胡杨的叶片覆背着厚厚的蜡质，形成可以按气温高低启闭的气孔，最大限度保存身体内部的水分，因此才有了它在沙漠中的立身之本。

我国新疆沙雅拥有面积近26.7平方千米的天然胡杨林，占到全国原始胡杨林总面积的3/4，被评为"中国塔里木胡杨之乡"。

在我国新疆、内蒙古和甘肃西部地区，有相当一部分为戈壁、沙漠所占据，干燥少雨，特别是新疆南部塔里木盆地的荒漠气候尤为强烈。

在严酷的自然条件下，分布在这些地区河流两岸和洪水侵蚀地上的胡杨林就显得十分重要了。由于有这些胡杨林的存在，干旱恶劣气候才得以缓和。

在塔里木河中、上游两岸以及下游广大地区分布的天然胡杨林，构成了一道长达数百千米连绵断续的天然林带。这条天然林带，对于防风固沙、调节气候，有效地阻挡和减缓南部塔克拉玛干大沙漠北移，保障绿洲农业生产和居民安定生活等方面，发挥了积极作用。

同时，由于大量胡杨林生长分布在河流两岸，保护了河岸，减少了土壤的侵蚀和流失，稳定了河床。

关于胡杨木，还有一个凄美的传说：那是在很久以前，天宫中的王母娘娘身边有一男一女两个童子，长得如花似玉般美丽可爱，王母娘娘爱得像宝贝似的，封他们为金童玉女，走到哪里都把他们带在身边。

金童玉女长期在一起，彼此产生了很深感情，他们总是形影不离。有一次，王母娘娘到人间体察民情，金童玉女跟随着到了人间。

看惯了天宫铺金嵌玉的金童玉女，却被人间的自由快乐深深吸引了，他们说什么也要在人间周游几日。无奈之下，王母娘娘只好把他们带上云头，居高临下指着黄河下游洪灾泛滥地区，挣扎在死亡线上的人们那悲惨景象，给金童玉女讲述人间的悲苦，

才总算把金童玉女带回了天宫。

　　金童玉女回到天宫后依然对人间念念不忘，总想再到人间看看。过了不久，王母娘娘准备在昆仑仙岛举办招待会，宴请那些没有机会到人间周游的内宫诸神。于是，就派金童玉女到人间搜寻奇花异草和美味珍馐。

　　金童玉女到人间游历了名山大川，最后到了西湖边，立刻被人间天堂的风景吸引住了。此时西湖正是堤柳成行、荷花盛开的季节，柳荫下文人雅士吟诗歌咏，小船上哩语小调优美动听。金童玉女不禁在岸边忘我地游玩了起来。

　　不知不觉太阳偏西了，金童玉女来到了断桥前。桥头石墩上，一位老者正给身边围着的几个孩童讲故事，金童玉女便躲在柳荫下静静地听了起来。

　　老者讲的正是白娘子断桥会许仙的故事，金童玉女被深深地

吸引住了，他们很佩服那条千年蛇仙，竟然能够为了报恩而放弃修成正果。一个小蛇仙尚能如此，那么，身为天上神仙怎么就不可以轰轰烈烈地爱上一回呢！

天宫虽然金碧辉煌，却没有人间的甜甜蜜蜜。金童和玉女商量后，决定先返回天宫复命，然后再悄悄到人间缔结连理。他们便带着寻到的人间珍品返回了天宫。

就在王母娘娘的招待会开得正热闹的时候，金童牵着玉女的手悄悄溜出天宫飞到了人间。当王母娘娘酒醒后，发现身边少了金童玉女，大为震惊，立即派天兵天将寻找。不久，金童玉女被带回了天宫。

可是，无论王母娘娘怎么说，金童玉女就是听不进去，并说他们在人间已经结为了夫妻。王母娘娘只好命人将金童玉女捆绑起来，并拔去了金童头顶的通天骨，拉出天宫推下了人间。

金童摔死在了天山脚下，他的血液渗到泥土中顺着山谷慢慢流出并凝结了，形成了一片浩瀚的沙漠。每当阳光升起时，沙漠就会发出金子般的光芒，直射天宫，沙子在风的吹拂下不时发出一阵阵缠缠绵绵的吟唱。

玉女看到了那束金光，也听到了鸣沙的声音，她知道金童已经死去了。玉女挣脱了捆绑的枷锁，自己动手拔去了通天骨，一头撞死在了擎天柱下。

众神得知金童玉女的遭遇后，都为他们的执著所感动，于是纷纷向玉皇大帝和王母求情。王母失去了金童玉女，本来就心痛后悔极了，她拗不过众神的意愿，只好同意将玉女的尸身带出阴阳界，埋在天山脚下的沙漠里，让她与金童相守。

不久，沙漠的边缘长出了一棵小树，小树慢慢长大了，它紧紧抓住脚下的沙土，拼命地向深处伸展着根须，并用自己的生命把沙漠牢牢地抱在自己怀里，它们紧紧地依偎在一起。

后来，天山下的维吾尔族人民给这棵树取了一个最好听的名

字叫"托克拉克",就是"最美丽的树"。

我国历史上把西部的少数民族统称为"胡人",西域地区则被统称为"胡地",因为托克拉克长得像杨树,人们便叫这棵树为"胡杨"了。

胡杨林的蔽荫覆盖,一方面增强了对土壤的生物排水作用,另一方面又相对地减缓了土壤上层水分的直接蒸发,抑制了土壤盐渍化的进程,从而在一定程度上起到改良土壤的作用。因此,胡杨作为荒漠森林,在我国西北地区广阔的荒漠上起着巨大的作用。

胡杨以自己特有的绿色和生命孕育记载了我国的西域文明,2000多年前的胡杨覆盖着西域,使得塔里木河、罗布泊长流不息,滋养了古老的楼兰、龟兹文明等。

胡杨是我国生活在沙漠中的唯一乔木树种,它自始至终见证了我国西北干旱区走向荒漠化的过程,虽然后来退缩到沙漠河岸地带,但仍然被称为"死亡之海"的沙漠的生命之魂。

胡杨曾经广泛分布于我国西部的温带、暖温带地区,新疆库车千佛洞、甘肃敦煌铁匠沟、山西平隆等地,都曾发现胡杨化石,证明它是第三纪残遗植物,距今已有6500万年以上的历史。可以说,胡杨与我国西北的沙漠齐寿，是我国古老沙漠的历史见证，被誉为"活着的化石树"，植物界对其评价说：

活着不死1000年，死后不倒1000年，倒地不烂1000年。

胡杨对于研究亚非荒漠地区的气候变化、河流变迁、植物区系演化以及古代经济、文化发展都有重要科学价值。

为了保护胡杨林，我国新疆地区调整了干旱荒漠地区的农、牧、林三者关系，严禁乱砍滥伐荒漠树木和生态林。

各河流上游截流水库也采取了定期向中、下游放水，确保胡杨林的恢复和发展。同时，我国还在西北地区建立了两个胡杨自然保护区，作为科研和物种保护基地。

胡杨是荒漠地区特有的珍贵森林资源，它对于稳定荒漠河流地带的生态平衡、防风固沙、调节绿洲气候和形成肥沃的森林土壤，具有十分重要的作用，是荒漠地区农牧业发展的天然屏障。

在我国沙漠内部塔里木河沿岸及沙漠边缘洪积扇前缘分布有以胡杨、树柳为主的天然植被带，形成了沙漠中的天然绿洲，它主要分布在塔克拉玛干沙漠的周围，犹如一条绿色长城，紧紧锁住了流动性沙丘的扩张，使得这里成为了四季牧场和野生动物的栖息地。塔里木胡杨林国家森林公园，位于塔克拉玛干沙漠东北边缘的塔里木河中游、巴州轮台县城南沙漠公路70千米处，总面积100平方千米，是新疆面积最大的原始胡杨林公园，也是整个塔里木河流域原始胡杨林最集中的区域。

塔里木胡杨林公园集塔河自然景观、胡杨景观、沙漠景观、石油工业景观于一体，是世界上最古老、面积最大、保存最完整、最原始的胡杨林保护区，也是观光览胜、休闲娱乐、野外探险、科普考察、分时度假的自然风景旅游胜地。

在塔里木胡杨林公园内约有220处弯道，堪称世界上弯道最多的景区道路。道路两边满目沧桑，胡杨高大粗壮的身躯，或弯曲倒伏、或仰天长啸、或静默无语、或豪气万丈。人们除了赞叹、高歌、抑或沉默之外，还有就是对生命无限的敬仰。

在胡杨林公园内，可一跃绿草地、二窜红柳丛、三过芦苇荡、四跨恰阳河、五绕林中湖，尽情展现出大漠江南的秀色。

茂密的胡杨千奇百怪，神态万般。粗壮的如古庙铜钟，几人难以合抱；挺拔的像百年佛塔，直冲云霄；怪异的似苍龙腾越，虬蟠狂舞；秀美的如月中仙子，妩媚诱人。

密密匝匝的胡杨叶也独具风采。幼小的胡杨，叶片狭长而细小，宛若少女弯曲的柳眉，人们常把它误认作柳树；壮龄的胡

杨，叶片变成卵形，如同夏日的白桦叶；进入老年的胡杨，叶片定型为椭圆形。更奇特的是，在同一棵胡杨树冠的上下层，还生长着几种不同的叶片，真可谓奇妙绝伦，令人惊叹不已。

这些铁骨铮铮的树干，形状千姿百态，有的似鲲鹏展翅，有的像骏马扬蹄，还有的如纤纤少女，简直就是一座天然艺术宫殿。有人专门为胡杨作了首诗，充分展现了胡杨林之美。有诗赞道：

> 矮如龙蛇数变形，蹲如熊虎踞高岗。
> 嬉如神狐露九尾，狞如夜叉牙爪张。

冬去春来，野骆驼、野猪、马鹿等珍稀动物在林间闪现，天鹅、野鸭、大雁、鸥鸟等各种水鸟集队飞翔，鸣啼于湖面之上。胡杨微微吐出绿芽，一派欣欣向荣的繁盛景象。

盛夏，胡杨身披绿荫，落英缤纷，为人们奉献出一片清凉。

金秋时节，胡杨秀丽的风姿或倒影水中，或屹立于大漠，金色的胡杨把塔里木河两岸妆点得如诗如画，尽显出生命的灿烂辉煌。

深秋，当漠野吹过一丝清凉的秋风，胡杨便在不知不觉中由浓绿变成浅黄，继而又变成杏黄。凭高远眺，金秋的胡杨如潮如汐、斑斑斓斓、漫及天涯，汇成金色的海洋，一派富丽堂皇的景象。

落日苍茫，晚霞一抹，胡杨由金黄变成金红，最后化为褐红，渐渐融入朦胧的夜色之中，无边无际。一夜霜降，胡杨如枫叶红红火火。秋风乍起，金黄的叶片飘飘洒洒，大地如铺金色的地毯，辉煌凝重，超凡脱俗。

　　在狂风飘雪的冬季，胡杨不屈的身影身披银装，令人长叹这茫茫沙海中的大漠英雄。此情此景不免让人心生感慨：

　　　　不到轮台，不知胡杨之壮美；
　　　　不看胡杨，不知生命之辉煌。

延 伸 阅 读

　　在很久以前，我国有一个部落的图腾是白头翁鸟。白头翁那时又称鸫鹈，后来这个部落就以"鹈"为姓，"鹈"后来又写作"胡"。他们主要生活在我国的西部，被统称为"胡人"，西域则被统称为"胡地"，西域的野草也被称为"胡草"，杨树就称为胡杨。